棉花集中成熟轻简高效栽培

董合忠　著

科学出版社

北京

内 容 简 介

以集中成熟、机械收获为引领的棉花轻简高效栽培技术是颠覆传统棉花栽培的新技术。基于新时代"轻简节本、提质增效、绿色生态"棉花生产发展的新要求,作者将研究团队多年积累的成果进行总结撰写为本书,全面深入地论述了棉花集中成熟轻简高效栽培的理论与技术。书中具体介绍了棉花集中成熟轻简高效栽培的背景与思路,按照棉花"种-管-收"的主线,系统论述了单粒精播成苗壮苗的理论与技术、轻简高效管理的理论与技术、集中成熟机械收获的理论与技术,以及因地制宜集成建立的棉花集中成熟轻简高效栽培技术体系,最后介绍了技术推广应用和第三方评价情况。

本书结构完整、内容新颖、特色鲜明,学术性与实用性兼顾,适于农业科技工作者、农业技术推广工作者阅读参考,也可作为农业院校师生的参考资料。

图书在版编目 (CIP) 数据

棉花集中成熟轻简高效栽培/董合忠著. —北京:科学出版社,2019.12
ISBN 978-7-03-063557-0

Ⅰ. ①棉⋯ Ⅱ. ①董⋯ Ⅲ. ①棉花–高产栽培–栽培技术–研究
Ⅳ. ①S562

中国版本图书馆 CIP 数据核字(2019)第 267690 号

责任编辑:王海光 王 好 田明霞 / 责任校对:郑金红
责任印制:肖 兴 / 封面设计:刘新新

科学出版社 出版
北京东黄城根北街 16 号
邮政编码:100717
http://www.sciencep.com

艺堂印刷(天津)有限公司 印刷
科学出版社发行 各地新华书店经销

*

2019 年 12 月第 一 版 开本:720×1000 1/16
2019 年 12 月第一次印刷 印张:7 1/2 插页:8
字数:170 000
定价:128.00 元
(如有印装质量问题,我社负责调换)

著 者 简 介

　　董合忠，博士，山东棉花研究中心主任，二级研究员，首批"新世纪百千万人才工程"国家级人选，全国先进工作者，泰山学者攀登计划专家，全国农业科研杰出人才，现代农业产业技术体系棉花抗逆栽培岗位科学家；兼任黄淮海棉花遗传改良与栽培生理重点实验室主任，国际棉花研究会（ICRA）常委，以及期刊 *Field Crops Research* 主编、《中国农业科学》《作物学报》《棉花学报》编委。长期从事棉花耕作栽培和生理生态研究，在棉花防早衰栽培、滨海盐碱地棉花栽培和棉花轻简高效栽培研究等方面取得了一系列成果，获国家科学技术进步奖二等奖 4 项，省部级科技奖一等奖 5 项。

前　言

　　棉花在我国是劳动密集型的精耕细作作物,播种量大,管理精细,分次收获,"种-管-收"用工多,效率低。这一方面源于过去农村劳动力丰富、人多地少的国情,另一方面与棉花无限生长等生物学习性有关。但是,进入 21 世纪后,随着农村劳动力向城镇转移和农业生产用工成本不断攀升,劳动密集型的传统植棉模式难以为继,并成为新时期棉花生产可持续发展的障碍。改繁杂为轻简,改分次采摘为集中收获,改高投高产为节本高效,建立棉花集中成熟轻简高效栽培技术,成为业内共识。本书总结了棉花集中成熟轻简高效栽培技术的发展历程,论述了单粒精播、轻简管理、集中成熟的棉花栽培理论与技术,介绍了其推广应用和第三方评价情况。

一、棉花集中成熟轻简高效栽培经历了简化栽培探索、轻简化栽培和轻简高效栽培三个发展阶段

　　简化栽培探索阶段始于 21 世纪初。2001~2005 年,山东棉花研究中心承担"十五"全国优质棉花基地科技服务项目;2007 年,中国农业科学院棉花研究所牵头实施了公益性行业(农业)科研专项"棉花简化种植节本增效生产技术研究与应用";之后不久,国家棉花产业技术体系建立。在这些项目的支持下,国内对棉花简化栽培进行了一系列探索并取得了重要进展:建立了以精量播种、稀植免整枝为主要内容的杂交棉"精稀简"栽培技术,研发出轻简育苗移栽技术,探索了应用缓/控释肥减少施肥次数。当时对棉花轻简化栽培的认识还比较初步,即侧重于某个环节或某项措施的简化,而不是全程简化;侧重于机械代替人工,而不是农机农艺融合;认为简化栽培只属于栽培技术的范畴,不重视良种良法配套。

　　轻简化栽培阶段是棉花轻简高效栽培技术的大发展阶段。2011 年 9 月,作者参加了在湖南农业大学召开的"全国棉花高产高效轻简栽培研讨会"。会上,喻树迅院士提出了"快乐植棉"的理念,毛树春和陈金湘提出了"轻简育苗"的技术,作者提出了"轻简化植棉(棉花轻简化栽培)"的概念。会后作者联合国内棉花科研优势单位的有关专家成立了轻简化植棉科技协作组,在不同产棉区联合开展轻简化植棉理论与技术研究并取得了突破性进展。为总结研究成果,2015 年 12 月 6 日,协作组在济南市召开了轻简化植棉论坛,进一步明确了棉花轻简化栽培的概念、科学内涵和技术内容;集成建立了西北内陆、长江流域和黄河流域棉花轻简

化栽培技术体系，在全国三大主要产棉区推广应用，推动了我国棉花生产方式由精耕细作向轻简化栽培的转变。但当时的栽培技术体系仍存在一些问题：一是认为机械化就是轻简化，不顾条件盲目发展机械化，忽略了农机农艺融合，虽然机械化程度提高了，但是节本增产、提质增效的目的没有达到；二是把轻简化栽培与粗放耕作混为一谈，棉花生产用工减少了，但产量和品质也下降了；三是棉花轻简化栽培技术方面的资料十分缺乏，普及程度不高。

轻简高效栽培阶段是该技术的成熟阶段。2016 年以来，协作组按照"继续深化研究、不断总结完善、扩大示范推广"的总体思路继续开展工作，取得了新突破。2016 年 9 月，《棉花轻简化栽培》一书由科学出版社出版；同年，中国农学会组织对"棉花轻简化丰产栽培关键技术与区域化应用"进行了评价，促进了对相关理论和技术成果的梳理与总结，该成果获得了 2016～2017 年度神农中华农业科技奖一等奖、2017 年山东省科技进步奖一等奖。2019 年 6 月，中国农学会组织对该项目进行了第二次评价，认为其达到了国际领先水平。同时指出要以集中成熟引领轻简高效植棉，建议成果更名为"棉花集中成熟轻简高效栽培技术"。至此，棉花集中成熟轻简高效栽培技术及其理论体系业已形成，进入了棉花轻简高效栽培的新阶段。

二、以集中成熟为引领的棉花轻简高效栽培技术是颠覆传统的植棉新技术，是新时代我国棉花生产方式转变的重要支撑

总结近 20 年对棉花轻简高效栽培技术的研究与实践，我们认为，要从以下 4 个方面把握棉花集中成熟轻简高效栽培技术。一是轻简高效栽培是指简化管理工序、减少作业次数、良种良法配套、农机农艺融合，实现棉花生产轻便简捷、节本增效、绿色生态的栽培管理方法和技术。与传统轻简化栽培技术相比，增加了高效和绿色生态两个内容与要求。二是集中成熟是轻简高效栽培的引领和主导。过去一直把田间管理作为重点，虽然管理简化了，但收获环节却出了问题，要么不能集中（机械）收获，要么机械收获后籽棉含杂多。因此，要以集中成熟为引领，以精量播种为基础，以轻简管理促集中成熟为保障，最终实现"种-管-收"全程轻简高效。三是要深刻认识轻简高效栽培的理论。这些理论包括单粒精播成苗壮苗机理、免整枝载铃封顶机理、部分根区灌溉节水抗旱机理、棉花的氮素营养规律，以及棉花集中成熟高效群体结构和主要技术参数等。四是轻简高效栽培以关键技术为支撑。其中，单粒精播成苗壮苗技术，既节约了种子，也省去了间苗、定苗环节，为集中成熟奠定了基础；免整枝载铃封顶技术免去了整枝打顶环节，不仅节省了用工，也塑造了集中成铃的株型、集中成熟的群体；一次性施肥或水肥协同管理技术，不仅提高了肥料利用率，减少了水肥投入和施肥用工，还

提高了化学脱叶效果；优化成铃，构建集中成熟群体结构，保障了集中（机械）收获。在此基础上因地制宜集成建立的黄河流域一熟制"增密壮株"轻简高效栽培技术体系、长江流域与黄河流域两熟制"直密矮株"轻简高效栽培技术体系、西北内陆"降密健株"轻简高效栽培技术体系，成为全国主推技术，颠覆了以精耕细作为特点的传统棉花栽培技术，成为新时代我国棉花生产方式由传统劳动密集型向现代轻简节本型转变的重要支撑。

三、成立协作组联合攻关并明确轻简高效植棉的总体思路是棉花集中成熟轻简高效栽培取得成功的关键

棉花集中成熟轻简高效栽培技术共经历了 3 个发展阶段。第一个阶段是入门和基础阶段，得益于喻树迅院士和毛树春研究员的引领；第二个阶段是大发展阶段，得益于公益性行业（农业）科研专项和现代农业产业技术体系等项目的支持，以及在这些项目支持下及时成立的轻简化植棉科技协作组；第三个阶段是成熟阶段，也是出现争议的阶段，当时有领导和专家认为轻简高效栽培就是粗放耕作，是落后、落伍的技术，应该走发达国家实行的全程机械化植棉的路子。作者有幸参与了第一个阶段，主导了第二个和第三个阶段。在关键节点，于振文、陈温福、喻树迅、陈学庚、赵振东、张洪程和张福锁等院士专家给予了鼎力支持，旗帜鲜明地指出棉花集中成熟轻简高效栽培技术是符合中国国情的现代植棉技术。在此基础上，我们明确了棉花轻简高效栽培与机械化栽培、粗放耕作的本质区别，确定了实行轻简高效栽培的总体思路，坚定了走中国特色棉花轻简高效栽培之路实现棉花生产可持续发展的信心，轻简高效栽培技术得以日臻成熟、深入人心，并被广泛接受，在新时期棉花生产中发挥了主导作用。

回顾轻简高效植棉技术的研发过程就不得不提及轻简化植棉科技协作组的成立与协作过程。2011 年 9 月，在毛树春研究员的建议下作者联合国内有关科研力量成立了轻简化植棉科技协作组，分区域开展轻简化植棉理论与技术研究。协作组既无书面合同约定，也无固定项目支持，只是口头约定了各自研究方向和选题。凭借各位成员的兴趣、责任心和对作者本人的信任，加之选题正确、分工合理、组织得当，协作组不断取得重要进展。在黄河流域棉区，董合忠团队研究建立了精量播种、免整枝和集中成熟的理论与技术；河北农业大学李存东团队研究建立了棉花衰老理论和株型调控技术。在长江流域棉区，华中农业大学杨国正团队研究了棉花氮素营养规律并建立了简化（一次性）施肥技术；安徽省农业科学院棉花研究所郑曙峰团队研究完善了轻简育苗和油后直播早熟棉技术。在西北内陆棉区，石河子大学张旺锋团队研究建立了机采棉合理群体构建与脱叶技术，危常州团队研发了系列滴灌专用肥；新疆农业科学院经济作物研究所田立文研究员研究

创新了单粒精播保苗壮苗技术。

轻简化植棉科技协作组在取得科研进展的同时，对棉花轻简高效栽培的认识也不断深入，这也是协作组取得成功的关键。我们认为，棉花轻简高效栽培的总体思路如下。一是要以相关栽培理论为指导。"种-管-收"轻简化皆有相应的理论依据，要认真学习领会，并在这些理论的指引下，开展轻简高效植棉的研究和应用。二是要明确关键技术之间的关系。"种-管-收"各环节的关键技术各有侧重、互相依赖，其中要以集中成熟为引领，以"种"为基础，以"管"为保障，以"收"为重点。单粒精播是轻简管理和集中收获的基础，轻简管理是减肥减药、节本增效和集中收获的保障，集中成熟、机械收获是轻简高效植棉的重点和难点，是轻简化植棉的落脚点。三是要以农机农艺融合、良种良法配套为途径。轻简高效植棉不是单纯以机械代替人工，而是要求农艺措施和农业机械有机结合，由于历史的原因，我国农业机械总体上还不能完全适应农艺要求，当前条件下农艺多配合农机是现实的、必要的；要重视轻简高效植棉技术对棉花品种的要求，实行良种良法配套。四是要因地制宜。我国主要产棉区生态条件、生产条件和种植制度不一，限制集中成熟、机械收获的瓶颈不同，采取的技术路线和关键措施也不同。其中，西北内陆棉花要"降密健株"，提高脱叶率，并通过水肥协同管理提高水肥利用率；黄河流域一熟制棉花要"增密壮株"，实现优化成铃、集中吐絮，保障集中（机械）收获；长江流域和黄河流域两熟制棉花要"直密矮株"，改传统套作为蒜（油菜、小麦）后早熟棉直播，节本增效。

总之，《棉花集中成熟轻简高效栽培》一书以"种-管-收"为主线，以集中成熟为引领，形成了颇具中国特色的棉花轻简高效栽培技术体系，实现了棉花"种-管-收"全程轻简高效，走出了一条适合中国国情和需要，符合可持续发展理念的现代化植棉新路子，为我国棉花生产由传统劳动密集型向现代轻简高效型转变提供了坚实的理论和技术支撑。2019年6月，中国农学会组织召开"棉花轻简高效栽培技术体系的创建与应用"项目评价会后，于振文院士特别嘱托我们课题组按照专家意见和建议，进一步总结完善"棉花轻简高效栽培技术体系"这一成果。为了更好地总结完善该成果，协作组决定由作者主笔撰写《棉花轻简高效栽培理论与实践》一书，成稿后更名为《棉花集中成熟轻简高效栽培》。

本书得到了公益性行业（农业）科研专项（3-5-2）、现代农业产业技术体系（CARS-15-15）、国家自然科学基金（31271665、31371573、31771718）、国家重点研发计划（2017YFD0201906、2018YFD1000907、2018YFD0100306）、泰山学者攀登计划（tspd20150213）、山东省现代农业产业技术体系棉花创新团队、山东省农业科学院农业科技创新工程（CXGC2016B05、CXGC2016E06）等项目的支持。在撰写过程中，轻简化植棉科技协作组主要成员张旺锋、李存东、田立文、杨国正、郑曙峰和危常州等专家提供相关资料并参与撰写，孔祥强研究员、代建龙副研究员和罗振副研究员参与了部分章节的撰写或资料整理,张冬梅副研究员、张艳军博士、迟宝杰博士参与了部分图片的绘制、资料整理和修改校对。在此,一并致谢。

　　本书是董合忠团队、张旺锋团队、李存东团队、田立文团队、杨国正团队、郑曙峰团队和危常州团队联合成立的轻简化植棉科技协作组有关科研成果的系统总结。由于时间仓促,成稿后未及所有团队成员审阅,加之作者水平有限,书中不妥之处在所难免,敬请读者不吝赐教,批评指正。

董合忠
2019 年 8 月于济南

目　　录

第1章 棉花集中成熟轻简高效栽培概述

棉花集中成熟轻简高效栽培是指简化管理工序、减少作业次数、良种良法配套、农机农艺融合，实现棉花"种-管-收"轻便简捷、节本增效、绿色生态的栽培技术体系（张冬梅等，2019）。它是针对我国传统精耕细作植棉（图版1~图版3）用工多、投入大、效率低、集中（机械）收获难等限制产业持续发展的突出问题，以"种-管-收"为主线，以集中成熟为引领、精量播种为基础、轻简管理为保障、集中（机械）收获为目标，在突破棉花集中成熟轻简高效栽培理论与关键技术的基础上，集成创建的中国特色现代棉花轻简高效栽培技术体系（图1-1）。棉花集中成熟轻简高效栽培是颠覆传统棉花栽培的新技术，是我国棉花生产由传统资源依赖型、劳动密集型向资源节约型、轻简高效型转变的重要支撑技术，主要包括单粒精播成苗壮苗理论与技术（"种"）、免整枝和水肥高效运筹等轻简管理

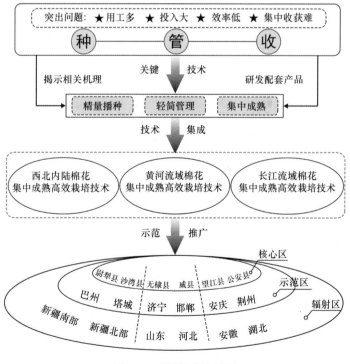

图 1-1 项目技术路线图

理论与技术（"管"），以及以集中成熟、提高脱叶率为核心的棉花集中（机械）收获理论与技术（"收"）等（Dai et al.，2017b；董合忠等，2018b）。该技术是农业部（现为农业农村部）确定的全国主推技术，是国际棉花咨询委员会（International Cotton Advisory Committee，ICAC）向非洲等植棉国家重点推荐的植棉技术，入选爱思唯尔（Elsevier）出版的大百科全书，并被《中国棉花栽培学》（2019）收录，荣获神农中华农业科技奖一等奖和山东省科技进步奖一等奖等多项省部级奖励，中国农学会组织的第三方评价认为，该技术达到了国际领先水平（图版16c）。

1.1 单粒精播成苗壮苗的机理与技术概述

棉花是子叶全出土作物，出苗成苗难度大。加大播量或多粒穴播是传统棉花出苗保苗措施，但出苗后需要人工间苗、定苗，不仅浪费种子，而且费工费时、效率极低；间苗、定苗不及时，棉苗拥挤在一起既容易得病死苗，又容易形成高脚苗，造成棉花基础群体质量差、集中成熟难（董合忠，2013a）。改传统播种为单粒精播、适当浅播是解决这一难题，实现"种"的高效轻简化的有效途径。

1.1.1 单粒精播的成苗壮苗机理

Kong等（2018）首次发现单粒精播、适当浅播（播深1.5～2.5cm）的棉花种子因受到的顶土压力适宜，既保持了出苗前的黑暗环境，又能产生足量乙烯，有效调控了棉苗弯钩形成和下胚轴生长关键基因的表达，导致内源激素在棉苗顶端弯钩内外侧差异分布，促进了弯钩形成和下胚轴稳健生长，壮苗早发。这是迄今对棉花种子单粒精播、适当浅播成苗壮苗机理最全面和深入的解析。

单粒精播较之多粒穴播，棉苗顶土出苗时，受到的顶土压力较大，诱导乙烯合成基因 *ACO1* 表达，产生足量乙烯。乙烯一方面诱导弯钩形成关键基因 *HLS1* 的表达，促进弯钩形成；另一方面诱导促进下胚轴增粗、抑制下胚轴伸长的关键基因 *ERF1* 的表达，从而促进下胚轴增粗，形成壮苗。另外，与多粒穴播相比，单粒精播还能够通过提高棉苗中吲哚乙酸（IAA）和赤霉素（GA）的含量、降低茉莉酸（JA）的含量，促进弯钩形成基因 *HLS1* 的表达，促进棉苗顶端弯钩的形成。与之相反，多粒穴播棉苗顶土力量大，容易导致土壤提前开裂，光线照射的棉苗，棉苗中 *COP1* 基因表达受抑制，COP1蛋白含量降低，导致 *HLS1* 基因表达下降，弯钩提前展开，带壳出苗。

单粒精播种子出苗后皆有独立生长的空间，互相影响小，易形成壮苗；多粒穴播种子出苗后拥挤在一起，相互影响大，下胚轴增粗关键基因表达降低，易形成高脚苗。由此可见，单粒精播、适当浅播调控棉苗弯钩形成与下胚轴增粗关键基因表达的规律，为建立单粒精播成苗壮苗技术提供了充足的依据。

1.1.2　单粒精播的成苗壮苗技术

基于单粒精播成苗壮苗理论，对传统播种技术实行了"三改"，建立单粒精播壮苗技术：一改传统多粒穴播为单粒精播；二改传统深播（3 cm）为浅播（1.5～2.5 cm）或深播浅盖；三改稀植为合理密植，增加 30%～50% 的播种穴数，适当缩小穴距。这一颠覆传统的单粒精播技术，不仅保障了全苗壮苗，使发病死苗率降低 36%，带壳出苗率减少 90%，而且省去了间苗、定苗工序，每公顷省工 15 个以上，同时节约用种量 50% 以上（代建龙等，2013，2014）。

为配合"三改"，发明了无级调距式精量播种器，实现了穴距和播深的精准控制（董合忠等，2017a）。在此基础上，研制出系列精量播种机械，为棉花单粒精播提供了装备保障，实现了播种环节的农机农艺融合（孙冬霞等，2016）（图版 4）。

为适应长江与黄河流域两熟制棉花精量播种的要求，改基于育苗移栽的春棉套种（育苗移栽）为早熟棉接茬机械直播（杨国正，2016；董合忠，2016），建立了大蒜（小麦、油菜）收获后机械精量直播早熟棉技术，实现了两熟制棉花的机械精量播种（Lu et al.，2017）（图版 4b）。

为应对西北内陆春季低温干旱，采用"宽膜覆盖边行内移增温、膜下适时适量滴水增墒"的保苗技术，即改窄膜覆盖为宽膜覆盖、将边行棉花适当内移，以提高种子发芽出苗所需的地温；改冬前或春季造墒为干子干土播种，适时适量滴水调控土壤墒情促进种子发芽出苗和成苗，保障了低温干旱条件下的单粒精播棉花的全苗壮苗（田立文等，2015，2017）。该技术提倡每 2～3 年冬（春）灌水压盐 1 次，减少土壤返盐积盐。

1.2　棉花集中成熟轻简高效管理的理论与技术概述

棉花是无限生长作物，我国传统植棉一直强调精耕细作，特别是要求精细整枝、多次施肥、足量灌溉等，不仅费工费时、效率极低，而且水肥投入大、利用率低，造成棉田面源污染。在长江和黄河流域传统植棉要求稀植大株或中密中株，造成集中成熟差、一次（机械）收获难；在新疆（西北内陆），要求高密小株，群体荫蔽、化学脱叶效果差，机采籽棉含杂多。建立和应用以免整枝与水肥轻简高效运筹为主的轻简高效管理技术是提高棉田管理效率、减少水肥投入、促进集中成熟、实现"管"的高效轻简化的有效途径。棉田轻简高效管理的内容主要包括：一是免整枝理论与技术；二是棉花的氮素营养规律与轻简高效（一次性）施肥技术；三是部分根区灌溉节水机理与膜下分区交替滴灌技术；四是水肥协同高效管理的理论与技术；五是新型棉花高效群体的指标体系及其集中成熟、抗逆稳产的机制（Dai et al.，2017a）。

1.2.1 棉花免整枝的理论与技术

棉花具有无限生长习性，棉株主茎基部着生叶枝，叶枝不能直接结铃，因此去叶枝是重要的传统植棉技术（图版 6a）。为保证在有限生长期内开花结铃和吐絮，传统植棉还要求人工适时打顶。

不同密度、叶枝遮阴和缩节安处理试验发现，合理密植促进棉株顶端生长而抑制叶枝生长，缩节安化控有效控制顶端生长，为实行免整枝提供了技术途径和理论依据。密植和人工遮阴改变光照强度与光谱特性，一方面直接削弱了叶枝光合作用；另一方面抑制叶枝顶光受体基因（phyB）的表达，降低了叶枝生长素合成与转运关键基因（GhYUC5、GhPIN）、细胞分裂素合成关键基因（GhIPT3）的表达及相应激素含量，提高了独脚金内酯受体基因（GhD14）的表达，从而抑制了叶枝生长，而主茎顶相关基因的表达和激素含量变化则表现出相反的趋势（Li et al.，2019a，2019b）。缩节安化控抑制能量代谢，降低功能叶碳水化合物合成和生长发育相关蛋白含量，实现对株高的控制；同时促进光合产物向根、茎和棉铃运输，减少了向主茎顶端运输，从而抑制了顶端优势（侯晓梦等，2017）。化控结合水肥运筹，促进棉株上部座铃并与顶端生长竞争，进一步削弱了顶端优势，不仅自然封顶，而且棉花株型紧凑，冠层中上部透光率大、中下部光吸收率较高，光分布均匀，保证了较高的群体光合能力，便于集中成熟和化学脱叶。

依据免整枝理论，建立棉花免整枝技术。即因地制宜，根据各棉区生态和生产条件合理密植，利用小个体、大群体抑制叶枝生长，并配合化学调控、水肥运筹等减免整枝、打顶环节，从而创建以合理密植、化学调控和水肥运筹相结合的棉花免整枝技术（图版 6）。其中，西北内陆棉区种植密度为 15 万～22.5 万株/hm²，在前期缩节安化控 2～3 次的基础上，棉花常规打顶日期后 5～10 d（达到预定果枝数后 5～10 d），喷施缩节安 120～180 g/hm²；同时要采取分区交替滴灌、水肥协同、灌水终止期适当提前等措施，实现免整枝（董合忠等，2018a）。黄河流域棉区一熟制春棉种植密度为 7.5 万～9 万株/hm²，黄河和长江流域棉区晚播早熟棉种植密度为 9 万～10.5 万株/hm²。在现有基础上提早化控，春棉首次化控由盛蕾期提前到 3～4 叶期，然后在盛蕾和初花时根据长势各化控 1 次，3 次用量分别为 15 g/hm²、22.5～30 g/hm² 和 37.5～45 g/hm²，常规打顶日期后 5～10 d 叶面喷施缩节安 105～120 g/hm²，实现免整枝。晚播早熟棉根据情况于盛蕾期前后化控 1～2 次；棉花常规打顶日期（达到预定果枝数的日期），用缩节安 75～105 g/hm² 叶面喷施 1 次，实现免整枝。

1.2.2　棉花氮素营养规律和轻简高效（一次性）施肥技术

我们研究发现，棉花花铃期累积的氮占其一生总量的 67%，其中累积的肥料氮占总肥料氮的 79%；棉花对基肥氮吸收的比例最小、对初花肥氮的利用率最高。不同生态区棉花对肥料氮的吸收规律基本相同，但氮吸收高峰期出现早晚和持续长短不同：长江流域春棉氮吸收高峰期在出苗后 70～115 d，黄河流域和西北内陆春棉在出苗后 60～100 d，黄河流域和长江流域接茬直播早熟棉则在出苗后 50～85 d（董合忠等，2018）。根据棉花需肥规律合理施肥，减施底肥氮、增施初花肥氮，或晚播早熟棉盛蕾至初花期一次性追施氮肥，特别是速效肥和控释肥配合或复混使用，不仅能提高棉花经济系数和氮肥利用率，还可有效抑制叶枝和赘芽生长，协调营养生长和生殖生长的关系，促进棉花优化成铃、集中成熟（Yang et al.，2011，2012，2013）。

基于轻简化施肥和提高肥料利用率的需要，因地制宜，建立了不同地区、不同种植制度和棉花品种类型轻简高效（一次性）施肥技术。

轻简高效（一次性）施肥技术的基本要求如下。

一是以产定量，适当减少施氮量。黄河流域棉区氮肥施用量以 210 kg/hm^2（180～225 kg/hm^2）为宜，其中籽棉产量为 3000～3750 kg/hm^2 时，施氮量为 180～210 kg/hm^2；籽棉产量 3750 kg/hm^2 以上时，施氮量为 210～225 kg/hm^2，前者 N：P$_2$O$_5$：K$_2$O 为 1：0.6（0.5～0.7）：0.6（0.5～0.7），后者 N：P$_2$O$_5$：K$_2$O 为 1：0.45（0.4～0.5）：0.9。长江流域棉区套种杂交棉施氮量以 225～240 kg/hm^2 为好，油后或麦后早熟棉施氮量以 180～210 kg/hm^2 为好，N：P$_2$O$_5$：K$_2$O 以 1：0.6：0.6～0.8 为宜，适当使用硼肥。西北内陆棉区轻简高效施肥方案的最佳氮肥施用量为 260～330 kg/hm^2，N：P$_2$O$_5$：K$_2$O 为 1：0.6：（0～0.2），适当使用锌肥（董合忠等，2018a）。

二是适当减少施肥次数或一次性施肥。以上推荐施肥量是采用速效肥和传统施肥方法通过多年联合试验获得的结果，速效肥改为专用控释复混肥、传统施肥方法改为滴灌施肥时相应施肥量可以适当减少。长江流域和黄河流域棉区套种春棉采用一次性基施缓/控释氮肥，其用量较传统施氮量可减少 10%～20%（李存东等，2014），晚播早熟棉在施足基肥的基础上初花期一次性追施速效肥，施肥量较传统春棉施肥量减少 20%～30%；黄河流域棉区纯作春棉采用种肥同播、一次性基施控释复混肥，可比传统施氮量减少 10% 左右；西北内陆棉区采用水肥协同（一体化）管理，施氮量可减少 15% 左右（董合忠等，2018a）。

1.2.3　部分根区灌溉节水机理与膜下分区交替滴灌技术

利用棉花嫁接分根方法模拟部分根区灌溉，并采用下胚轴环割、基因沉默等技术，首次揭示了部分根区灌溉诱导叶源茉莉酸作为长距离信号分子调控灌水侧根系吸水的规律。发现部分根区灌溉条件下，受到渗透胁迫的干旱区根系产生大量脱落酸（ABA）并运输到地上部，一方面通过 ABA 信号调控气孔开度，减少水分蒸腾；另一方面诱导叶片合成大量茉莉酸类物质（JAs），JAs 作为信号分子经韧皮部运输到灌水区根系，提高了该区根系水通道蛋白基因（PIP）表达，提高了水力导度（L），从而增强了灌水区根系的吸水能力，提高了灌溉水的利用率（Luo et al.，2019）。JAs 作为长距离信号增强灌水侧根系吸水规律的发现，连同前人关于干旱侧根系产生 ABA 信号调控叶片气孔开关减少蒸腾的机制，阐明了部分根区灌溉的节水机理，为分区交替滴灌提供了充足的理论依据。

西北内陆棉区在传统膜下滴灌技术的基础上，通过调整滴灌带布局、灌水量和灌水频次（"三调整"），创立了膜下分区交替滴灌技术：一是因地制宜，传统膜带布局调整为 1 膜 6 行（棉花）3 带（滴灌带）或 1 膜 3 行（棉花）3 带（滴灌带）为主；二是连续高水量（50～60 mm/次）定额滴灌调整为高水量与低水量（23～30 mm/次）交替滴灌；三是调整灌水终止期，比传统滴灌提前 7d 左右。分区交替滴灌结合冬春灌水压盐和深松，每 2～3 年压盐并深松 1 次，减少土壤返盐积盐。产量不减，灌水量减少了 20%～30%，水分生产率平均为 1.26 kg/m³，比常规滴灌提高了约 20%（Luo et al.，2018；罗振等，2019）（图版 7）。

1.2.4 水肥协同高效管理的理论与技术

通过高水量与低水量交替滴灌，并提前灌水终止期，实现了膜下滴灌条件下的分区交替滴灌。那么在分区交替滴灌条件下如何施肥才能保证省肥不减产、提高水肥利用率呢？为此，我们进一步优化提升滴灌施肥技术，建立了膜下滴灌水肥协同技术，即减小施基肥比例、增加追肥比例（基追比由 4∶6 调整为 2∶8），膜下分区交替滴灌、先滴水再滴肥以确保肥料集中分布在根系活跃区，滴肥量与棉花需肥规律匹配。比传统滴灌施肥技术节省氮肥 15%～20%，经济系数提高 14%，脱叶率提高 3～5 个百分点。研究和实践证实，在膜下分区交替滴灌、水肥协同管理条件下，棉花光合产物向产量品质形成器官的分配比例显著提高（Zhan et al.，2015），收获指数提高了 6%；非叶光合器官（茎枝、铃壳等）的光合生产能力和对产量的贡献率也分别提高了 12% 和 15%（Hu et al.，2012），脱叶率提高了 3～5 个百分点，保证了节水省肥条件下棉花经济产量的相对稳定，实现了节水、省肥不减产、提高脱叶率的目标，为水肥协同、提高水肥利用率和集中（机械）收获提供了充足的理论依据（Luo et al.，2018）（图版 8）。

根据大田试验和生产实践，新疆水肥协同管理技术的施肥量和使用技术为：在秸秆还田和酌施有机肥的基础上，N 260～330 kg/hm²，P₂O₅ 120～180 kg/hm²，

K_2O 50～100 kg/hm^2。高产棉田适当加入水溶性好的硼肥 15～30 kg/hm^2、硫酸锌 20～30 kg/hm^2。通常 20%～30% 的氮肥、50% 左右的磷钾肥基施,其余作为追肥根据灌水量和棉花需肥规律在现蕾期、花铃期滴施(董合忠等,2018a)。

黄河流域棉区则在淘汰漫灌的基础上,改长畦为短畦,改宽畦为窄畦,改大畦为小畦,改大定额灌水为小定额灌水,整平畦面,保证灌水均匀。同时,优化后的灌水方式与控释复混肥一次性基施或种肥同播结合,也在一定程度上实现了水肥协同管理(董合忠等,2018a)。

1.2.5 新型棉花高效群体的指标体系及其集中成熟、抗逆稳产机制

与传统植棉相比,棉花集中成熟轻简高效栽培对密度、播种期、播种量、株行距、灌水、施肥、整枝等农艺措施进行了大幅度改革和调整。研究发现,棉花对这些农艺措施的调整和变化有较好的适应性,且不同因素间对产量有显著的互作效应,表现出很强的自动调节和适应能力。采用集中成熟轻简高效栽培的棉花,在一定范围内随密度升高,铃重降低、铃数增加、经济系数略降、干物质积累增加,通过调节产量构成因子或干物质积累与分配维持棉花经济产量的相对稳定(Dai et al.,2015);部分根区灌溉(适度干旱)一方面通过刺激循环电子流(cyclic electron flow,CEF)保护 PSI 和 PSII 免受光抑制(Yi et al.,2018),并且提高了非叶光合器官(茎枝、铃壳等)的光合生产能力和贡献率(Hu et al.,2012),另一方面促进光合产物向产量品质形成器官的分配(Zhang et al.,2016),保障了节水省肥条件下棉花集中成熟高效群体经济产量的相对稳定。密度、氮肥和简化整枝对产量构成、生物量和经济系数的互作效应显著,合理密植下简化整枝、减施氮肥,可以获得与传统植棉技术(中等密度、精细整枝和全量施肥)相当的产量(Dai et al.,2017a,2017b)。

1.3　棉花集中成熟集中(机械)收获的理论与技术概述

长期以来,我国西北内陆棉区、黄河流域棉区和长江流域棉区分别广泛应用“高密小株型”、“中密中株型”和“稀植大株型”三种传统群体结构。但是,这三种群体结构都是建立在以劳动密集型的精耕细作为手段、以高产超高产为主攻目标基础上的,对生产品质和成本投入的考虑不够,也较少顾及集中(机械)收获的便宜。其中,西北内陆棉区密度过大,株行距搭配不合理,基础群体过大,加之水肥投入多,群体臃肿,株高过低,脱叶效果差,不利于机械采收,且机采籽棉含杂率高;黄河流域和长江流域棉区密度偏低,基础群体不足,植株高大,结铃分散,烂铃多,纤维一致性差,难以集中(机械)采收。为解决黄河流域和长江流域棉花个体高大、基础群体不足、结铃分散、难以集中成熟机械采收,西北

内陆棉区水肥投入大、群体荫蔽、脱叶效果差、机采棉含杂率高等突出问题，我们首创了基于集中成熟机械采收的新型棉花群体及其构建技术，保障了集中收获或机械采摘，实现了"收"的高效轻简化（董合忠等，2018b）。

1.3.1 基于集中（机械）收获的棉花高效群体及其集中成熟的机制

董合忠等（2018b）首创了"降密健株型"、"增密壮株型"和"直密矮株型"3 种适于集中（机械）收获的棉花集中成熟高效群体。

"降密健株型"群体是在传统"高密小株型"群体的基础上，通过适当降低密度（20%～25%），并适当增加株高（20%～30%）等措施而发展起来的以培育健壮棉株、优化成铃、提高机采前脱叶率为主攻目标的新型棉花群体，皮棉产量目标为 2250～2400 kg/hm²，适合西北内陆棉区（图版 13，图版 14）。

"增密壮株型"群体是在传统"中密中株型"群体的基础上，通过适当增加种植密度（30%～50%），并适当降低株高（25%～35%）等措施而发展起来的以培育壮株、优化成铃、集中成熟为主攻目标的新型棉花群体，皮棉产量目标为 1650～1800 kg/hm²，适合黄河流域一熟制棉区（图版 9，图版 10）。

长江流域棉区和黄河流域实行两熟制的产棉区多采用套种棉花或前茬作物收获后移栽棉花的种植模式，普遍应用"稀植大株型"群体。这种群体结铃分散、成熟不一致，无法集中（机械）收获。我们改套种或前茬后移栽棉花为前茬后机械直播早熟棉，并通过增加密度、矮化并培育健壮植株，建立"直密矮株型"群体，不仅省去了棉花育苗移栽环节，还为集中（机械）收获提供了保障。"直密矮株型"的皮棉产量目标为 1500 kg/hm² 左右（图版 11，图版 12）。

基于以上指标的三种高效群体充分利用了当地的生态条件，个体株型合理、群体结构优化，使棉花高光合效能期、成铃高峰期和光热资源高能期同步，在最佳结铃期、最佳结铃部位和棉株生理状态稳健时集中结铃，实现了集中成熟或便于脱叶，为集中（机械）采收奠定了基础。

1.3.2 基于集中（机械）收获的棉花高效群体构建技术

调控优化棉花群体是改善棉田环境、实现集中（机械）采收的重要途径。三大棉区传统"高密小株型"、"中密中株型"和"稀植大株型"群体应分别改为"降密健株型"、"增密壮株型"和"直密矮株型"三种群体。

西北内陆棉区以"调冠养根"为主线构建"降密健株型"群体。单粒精播、宽膜覆盖、边行内移、滴灌调墒实现一播全苗，建立稳健基础群体；合理株行距搭配，结合化学调控和适时打顶（封顶）等措施调节棉株地上部生长、优化冠层结构，优化成铃、集中吐絮；通过棉田深耕和深松、水肥协同管理养根、护根，保障并延长根系功能期，协调根冠关系，实现正常熟相。重点是改 1 膜 6 行的大小行种植为 1 膜 3 行的等行距 76 cm 种植，收获密度由 19.5 万～22.5 万株/hm^{2}降为 15.0 万～18.0 万株/hm^2，株高由 60～70 cm 提高到 75～90 cm，构建优化成铃、集中吐絮、脱叶彻底的"降密健株型"群体（董合忠等，2018b）（图版 14）。

黄河流域棉区一熟制棉花以"控冠壮根"为主线构建"增密壮株型"群体。一方面以促为主、促控结合并适时打顶（封顶），调控棉株地上部生长，实现适时适度封行；另一方面棉田深耕或深松、控释肥深施、适时揭膜或破膜促成发达根系，延缓早衰，实现正常熟相。重点是改窄膜大小行种植为中膜等行距 76 cm 种植，收获密度由 6 万株/hm^2 以下提高到 7.5 万～9 万株/hm^2，株高由 120～150 cm 降低到 90～100 cm，构建优化成铃、集中吐絮的"增密壮株型"群体（董建军等，2017）（图版 10）。

长江流域和黄河流域棉区两熟制棉花以小麦（油菜、大蒜）后直播增密争早为主线构建"直密矮株型"群体。采用早熟棉品种，改套种为小麦（油菜、大蒜）后机械直播；合理密植，种植密度为 9 万～12 万株/hm^2；系统化控矮化植株，株高控制在 80～90 cm；在盛蕾期一次性追施速效肥料，实现晚播早熟，集中收获（Lu et al.，2017）（图版 12）。

1.4　棉花集中成熟轻简高效栽培技术体系及其应用概述

我国三大产棉区生态和生产条件不同，棉花集中成熟轻简高效栽培的途径不尽一致。基于此，因地制宜，集成创建分别适于三大棉区的棉花集中成熟轻简高效栽培技术体系（Dai et al.，2017b），实现了棉花"种-管-收"全程轻简化（图 1-2），平均省工 30%～50%、减少物化投入 10%～20%，平均增产 5%～10%或节本 30%以上，植棉效率和效益显著提高。人均管理棉田，长江和黄河流域由 3～5 亩[①]增加到 30～50 亩，新疆由 10～20 亩增加到 100～200 亩，在一定程度上颠覆了植棉费工费时的传统认知（表 1-1）。

1.4.1　西北内陆棉花"降密健株"集中成熟轻简高效栽培技术

单粒精播，等行距种植并适当降密，1 膜 6 行 3 带或 1 膜 3 行 3 带；膜下分区交替滴灌与水肥协同管理结合，水肥终止日适当提前，塑造既定指标的"降密健株型"群体，并优化成铃、集中成熟；优化脱叶剂配方和喷施方法进一步提高脱叶率（代建龙等，2016），平均省工 30.3%、节水省氮肥 10%～20%、增产 5.5%以上，降低了新疆机采籽棉的含杂率，引领了全国机采棉的健康发展（白岩等，

---

① 1 亩≈666.7 m^2

2017；Feng et al.，2017）。

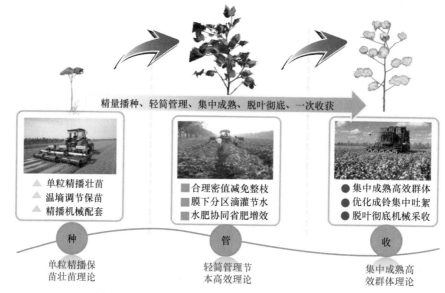

精量播种、轻简管理、集中成熟、脱叶彻底、一次收获

▲ 单粒精播壮苗
▲ 温墒调节保苗
▲ 精播机械配套

■ 合理密值减免整枝
■ 膜下分区滴灌节水
■ 水肥协同省肥增效

● 集中成熟高效群体
● 优化成铃集中吐絮
● 脱叶彻底机械采收

种　　　　　　　管　　　　　　　收

单粒精播保
苗壮苗理论

轻简管理节
本高效理论

集中成熟高
效群体理论

图 1-2　棉花集中成熟轻简高效栽培技术体系流程图

表 1-1　集中成熟轻简高效栽培技术与传统技术比较

环节	集中成熟轻简高效栽培技术的先进性及应用效果
种	①单粒精播比传统播种节约种子50%以上，省工15个/hm²以上，解决了带壳出苗和高脚苗问题； ②"宽膜覆盖边行内移增温、适时适量滴水增墒"等保苗壮苗技术，实现了干旱低温条件下的一播全苗壮苗，为集中成熟和提高脱叶率奠定了基础； ③蒜后早熟棉精播与传统套种或茬后移栽相比，实现了机械精量播种，省工80%以上，效率提高了3倍多
管	①合理密植免整枝比人工精细整枝平均省工22.5个/hm²，效率提高3倍以上； ②轻简高效施肥技术比多次施用速效肥，施肥量减少10%~15%，肥料利用率提高10%，省工15个/hm²； ③膜下分区交替滴灌、水肥协同管理比传统灌溉施肥，节水省肥10%~20%，水肥利用率提高30%以上
收	①长江和黄河流域合理密植集中吐絮：棉花吐絮成熟期缩短了40%，实现了集中成熟、一次（机械）采收，缓解了烂铃、早衰等问题，省工30~45个/hm²； ②新疆轻简化采收：通过群体调控优化成铃，缓解了脱叶效果差、机采籽棉杂质多等问题
综合效果	①平均省工30%~50%，减少物化投入10%~20%，平均增产5%~10%； ②人均管理棉田长江和黄河流域由过去3~5亩提高到了30~50亩，新疆由过去5~10亩提高到了50~100亩； ③长江和黄河流域棉花烂铃早衰减轻、纤维一致性显著提高；新疆机采籽棉含杂显著减少，原棉品质提高

1.4.2　黄河流域一熟制棉花"增密壮株"集中成熟轻简高效栽培技术

单粒精播、适当晚播（推迟到 4 月底 5 月初）免间苗、定苗，等行距中膜覆盖并适时揭膜控冠壮根，适增密度（7.5 万~9 万株/hm²）结合化学调控实现免整枝、适时适度封行，控释复混肥一次基施或在施足基肥的基础上一次性追施速效

肥实现轻简施肥，达到优化成铃（伏桃和早秋桃 85% 以上）、相对集中吐絮的目的，平均省工 32.5%、减少物化投入 12%、增产 9%（董建军等，2016，2017；张冬梅和董合忠，2017）。

1.4.3 长江流域与黄河流域两熟制棉花"直密矮株"集中成熟轻简高效栽培技术

针对长江流域与黄河流域两熟制棉区套种棉花不利于机械化的难题，育成早熟棉品种'鲁棉 532'、'K638'和'鲁棉 522'，建立了大蒜（小麦、油菜）后直播早熟棉高效轻简化栽培技术：通过选用早熟棉品种，大蒜（小麦、油菜）后机械接茬直播实现 5 月底播种 6 月上旬齐苗；盛蕾期一次追肥并减氮增钾，合理密植结合化学封顶实现免整枝，建立"直密矮株型"群体，保障集中早吐絮和集中采摘，实现两熟制棉花生产的轻简化、机械化。平均省工 30%～50%、减少物化投入 30% 以上（李霞等，2017；杨国正，2016；Lu et al.，2017）。

本研究获发明专利 23 项，制定行业/地方技术标准 22 项。发表论文 300 余篇，其中 SCI 论文 76 篇，著作 5 部，他引 2000 多次。技术成果收入 Elsevier 大百科全书，入选全国主推技术，被国际棉花咨询委员会（ICAC）和国际棉花研究会（International Cotton Researcher's Association，ICRA）等国际组织誉为"颠覆传统的植棉技术"并向非洲积极推介。累计推广 10 018 万亩，占统计区内棉田面积的 50% 以上，新增经济效益 194.3 亿元。相关内容分别获得山东省科技进步奖一等奖、神农中华农业科技奖一等奖和新疆维吾尔自治区科技进步奖一等奖。中国农学会组织于振文、喻树迅、陈学庚等专家开展的第三方评价，认为该项目"研究突破了高效群体调控关键技术及其理论机制，集成创建棉花集中成熟高效栽培技术体系，实现了棉花轻简化生产，是我国棉花栽培领域的重大创新，达到国际领先水平"（图版 16）。

参 考 文 献

白岩, 毛树春, 田立文, 等. 2017. 新疆棉花高产简化栽培技术评述与展望. 中国农业科学, 50(1): 38-50.

代建龙, 董合忠, 埃内吉, 等. 2019. 一种采用化学封顶的晚密简棉花栽培方法: 中国, ZL20160033887.3.

代建龙, 董合忠, 李维江, 等. 2016. 一种棉花脱叶催熟悬浮剂及其施用方法: 中国, ZL201410062858.0.

代建龙, 李维江, 辛承松, 等. 2013. 黄河流域棉区机采棉栽培技术. 中国棉花, 40(1): 35-36.

代建龙, 李振怀, 罗振, 等. 2014. 精量播种减免间定苗对棉花产量和产量构成因素的影响. 作物学报, 40(11): 2040-2945.

董合忠. 2013a. 棉花重要生物学特性及其在丰产简化栽培中的应用. 中国棉花, 40(9): 1-4.

董合忠. 2013b. 棉花轻简栽培的若干技术问题分析. 山东农业科学, 45(4): 115-117.

董合忠. 2016. 棉蒜两熟制棉花轻简化生产的途径——短季棉蒜后直播. 中国棉花, 43(1): 8-9.

董合忠, 李维江, 汝医, 等. 2017a. 无级调距式膜上精量播种机: 中国, ZL201410725608.0.

董合忠, 李维江, 张旺锋, 等. 2018a. 轻简化植棉. 北京: 中国农业出版社.

董合忠, 毛树春, 张旺锋, 等. 2014. 棉花优化成铃栽培理论及其新发展. 中国农业科学, 47(3): 441-451.

董合忠, 杨国正, 李亚兵, 等. 2017b. 棉花轻简化栽培关键技术及其生理生态学机制. 作物学报, 43(5): 631-639.

董合忠, 杨国正, 田立文, 等. 2016. 棉花轻简化栽培. 北京: 科学出版社.

董合忠, 张艳军, 张冬梅, 等. 2018b. 基于集中收获的新型棉花群体结构. 中国农业科学, 51(24): 4615-4624.

董建军, 代建龙, 李霞, 等. 2017. 黄河流域棉花轻简化栽培技术评述. 中国农业科学, 50(22): 4290-4298.

董建军, 李霞, 代建龙, 等. 2016. 适于机械收获的棉花晚密简栽培技术. 中国棉花, 3(7): 35-37.

侯晓梦, 刘连涛, 李梦, 等. 2017. 基于 iTRAQ 技术对棉花叶片响应化学打顶的差异蛋白质组学分析. 中国农业科学, 50(19): 3665-3677.

李存东, 孙红春, 刘连涛, 等. 2014. 一种棉花缓释肥及其施用方法: 中国, ZL 2011104310554.

李霞, 郑曙峰, 董合忠. 2017. 长江流域棉区棉花轻简化高效栽培技术体系. 中国棉花, 44(12): 32-34.

卢合全, 代建龙, 李振怀, 等. 2018. 出苗期遇雨对不同播种方式棉花出苗及产量的影响. 中国农业科学, 51(1): 60-70.

罗振, 辛承松, 李维江, 等. 2019. 部分根区灌溉与合理密植提高旱区棉花产量和水分生产率的效应研究. 应用生态学报, 30(9): 3137-3144.

孙冬霞, 宫建勋, 张爱民, 等. 2016. 一种棉花双行错位苗带精量穴播机: 中国, ZL201410481287.4.

田立文, 崔建平, 郭仁松, 等. 2015. 新疆棉花精量播种棉田保苗方法: 中国, ZL201310373743.9.

田立文, 曾鹏明, 柏超华, 等. 2017. 新疆南疆棉区播前未冬灌或未春灌连作滴灌棉田节水保苗方法: 中国, ZL 201510397954.5.

杨国正. 2016. 棉花免耕夏直播的栽培方法: 中国, ZL201410273847.7.

张冬梅, 董合忠. 2017. 黄河流域棉区棉花轻简化丰产栽培技术体系. 中国棉花, 44(11): 44-46.

张冬梅, 张艳军, 李存东, 等. 2019. 论棉花轻简化栽培. 棉花学报, 31(2): 163-168.

张晓洁, 陈传强, 张桂芝, 等. 2015. 山东机械化植棉技术的建立与应用. 中国棉花, 42(11): 9-12.

Chen YZ, Dong HZ. 2016. Mechanisms and regulation of senescence and maturity performance in cotton. Field Crops Research, 189: 1-9.

Chen YZ, Kong XQ, Dong HZ. 2018. Removal of early fruiting branches impacts leaf senescence and yield by altering the sink/source ratio of field-grown cotton. Field Crops Research, 216: 10-21.

Dai JL, Kong XQ, Zhang DM, et al. 2017a. Technologies and theoretical basis of light and simplified cotton cultivation in China. Field Crops Research, 214: 142-148.

Dai JL, Li WJ, Tang W, et al. 2015. Manipulation of dry matter accumulation and partitioning with plant density in relation to yield stability of cotton under intensive management. Field Crops Research, 180: 207-215.

Dai JL, Li WJ, Zhang DM, et al. 2017b. Competitive yield and economic benefits of cotton achieved through a combination of extensive pruning and a reduced nitrogen rate at high plant density. Field Crops Research, 209: 65-72.

Feng L, Dai JL, Tian LW, et al. 2017. Review of the technology for high-yielding and efficient cotton cultivation in the northwest inland cotton-growing region of China. Field Crops Research, 208: 18-26.

Hu YY, Zhang YL, Luo HH, et al. 2012. Important photosynthetic contribution from the non-foliar green organs in cotton at the late growth stage. Planta, 235: 325-336.

Kong XQ, Li X, Lu HQ, et al. 2018. Monoseeding improves stand establishment through regulation of apical hook formation and hypocotyl elongation in cotton. Field Crops Research, 222: 50-58.

Li T, Dai JL, Zhang YJ, et al. 2019b. Topical shading substantially inhibits vegetative branching by altering leaf photosynthesis and hormone contents of cotton plants. Field Crops Research, 238: 18-26.

Li T, Zhang YJ, Dai JL, et al. 2019a. High plant density inhibits vegetative branching in cotton by altering hormone contents and photosynthetic production. Field Crops Research, 230: 121-131.

Lu HQ, Dai JL, Li WJ, et al. 2017. Yield and economic benefits of late planted short-season cotton versus full-season cotton relayed with garlic. Field Crops Research, 200: 80-87.

Luo Z, Kong XQ, Zhang YZ, et al. 2019. Leaf-sourced jasmonate mediates water uptake from hydrated cotton roots under partial root-zone irrigation. Plant Physiology, 180: 1660-1676.

Luo Z, Liu H, Li WP, et al. 2018. Effects of reduced nitrogen rate on cotton yield and nitrogen use efficiency as mediated by application mode or plant density. Field Crops Research, 218: 150-157.

Yang GZ, Chu KY, Tang HY, et al. 2013. Fertilizer ^{15}N accumulation, recovery and distribution in cotton plant as affected by N rate and split. Journal of Integrative Agriculture, 12: 999-1007.

Yang GZ, Tang HY, Nie YC, et al. 2011. Responses of cotton growth, yield, and biomass to nitrogen split application ratio. European Journal of Agronomy, 35: 164-170.

Yang GZ, Tang HY, Tong J, et al. 2012. Effect of fertilization frequency on cotton yield and biomass accumulation. Field Crops Research, 125: 161-166.

Yi XP, Zhang YL, Yao HS, et al. 2018. Changes in activities of both photosystems and the regulatory effect of cyclic electron flow in field-grown cotton (*Gossypium hirsutum* L.) under water deficit. J Plant Physiol, 220: 74-82.

Zhan DX, Zhang C, Yang Y, et al. 2015. Water deficit alters cotton canopy structure and increases photosynthesis in the mid-canopy layer. Agronomy Journal, 107: 1947-1957.

Zhang DM, Luo Z, Liu SH, et al. 2016. Effects of deficit irrigation and plant density on the growth, yield and fiber quality of irrigated cotton. Field Crops Research, 197: 1-9.

第 2 章　棉花集中成熟轻简高效栽培的背景与思路

我国传统植棉主要依赖于劳动密集型的精耕细作，这一方面是基于过去人多地少、农村劳动力资源丰富的国情；另一方面与棉花无限生长、营养生长和生殖生长矛盾大等生物学特性有关（董合忠等，2016）。进入 21 世纪以来，随着农村劳动力转移和农业生产用工成本不断攀升，基于精耕细作的传统植棉技术难以为继，并成为棉花生产持续发展的障碍（董合忠等，2018）。因此，必须彻底改革传统植棉技术，建立轻简高效植棉技术，改繁杂为轻简、改高投入高产出为节本减投高效、改劳动密集型为技术产业型，实现棉花生产的轻便简捷、节本增效、绿色生态。其中，促进棉花集中成熟，实现集中（机械）收获是关键和引领。由精耕细作到轻简高效栽培是我国棉花栽培技术的重大跨越（董合忠等，2018）。

2.1　集中成熟轻简高效栽培产生的背景和过程

基于人多地少的国情和原棉消费量不断增长的实际需要，以高产为主攻目标，经过 50 多年研究与实践，我国于 2000 年前后建立了适合国情、先进实用、特色鲜明的中国棉花高产栽培技术体系（Dai and Dong，2015，2016），并形成了相对完整的棉花高产栽培理论体系，为奠定世界产棉大国的优势地位做出了重要贡献。但是，一方面，依赖于传统精耕细作栽培技术的中国棉花种植业是一种典型的劳动密集型产业，种植管理复杂，从种到收有 40 多道工序，每公顷用工 300 多个，是粮食作物用工量的 3 倍，用工成本很高（图版 1～图版 3）；另一方面，随着经济社会发展和城市化进程加快，我国农村劳动力的数量和质量都发生了巨大变化：自 1990 年以来，每年农村向城市转移劳动力约 2000 万人，导致农村劳动力数量剧减并呈现出老龄化、妇女化和兼职化的特征，对新时代农业生产，特别是劳动密集型的棉花生产提出了严峻挑战，传统精耕细作棉花栽培技术已不符合棉区"老人农业"、"妇女农业"和"打工农业"的现实需要（董合忠，2013a，2013b）。为应对这一挑战，必须建立和应用以省工简化为目标的轻简高效栽培技术，实现棉花生产的轻便简捷、节本增效、绿色生态。总结轻简高效植棉技术的形成过程，大致可以分为三个阶段。

2.1.1　简化栽培探索阶段

和其他作物栽培技术的发展历程一样，我国棉花栽培技术也经历了由粗放到精耕细作，再由精耕细作到轻简化的过程。实际上，在新中国成立之初我国就开始注重研发省工省时的栽培技术措施，如在 20 世纪 50 年代就对是否去除棉花营养枝开始讨论和研究，为最终明确营养枝的功能进而利用叶枝或简化整枝打下了基础；20 世纪 80 年代以后推广以缩节安为代表的植物生长调节剂，促进了化控栽培技术在棉花上的推广普及，不仅提高了调控棉花个体和群体的能力与效率，还简化了栽培管理过程。2001～2005 年，山东棉花研究中心承担了"十五"全国优质棉花基地科技服务项目——"山东省优质棉基地棉花全程化技术服务"。该项目涉及了较多棉花简化栽培的研究内容，在项目总负责人中国农业科学院毛树春研究员的倡导下，在研究实施过程中，我们建立了杂交棉"精稀简"栽培和短季棉晚春播栽培两套简化栽培技术。前者选用高产早熟的抗虫杂交棉一代种，采用营养钵育苗移栽或地膜覆盖点播，降低了杂交棉的种植密度，减少了用种量，降低了用种成本，充分发挥了杂交棉个体生长优势；应用化学除草剂定向防除杂草，采用植物生长调节剂简化修棉或免整枝，减少了用工，提高了植棉效益，在一定程度上达到了高产、优质、高效的目标，重点在鲁西南等两熟制棉区推广应用。后者则选用短季棉品种，晚春播种，提高了种植密度，以群体拿产量，正常条件下可以达到 80 kg/hm^2 左右的皮棉产量，主要在热量条件差的旱地、盐碱地及水浇条件较差的地区推广。2005 年以后，国内对省工省力棉花简化栽培技术更加注重，取得了一系列研究进展，包括研发出传统营养钵育苗移栽的升级换代技术——轻简育苗移栽技术（郭红霞等，2011），研究完善了杂交棉稀植免整枝技术，研究应用缓/控释肥减少施肥次数代替多次施用速效肥等，特别是对于农业机械的研制和应用更加重视。但限于当时的条件和意识，对棉花轻简化栽培的认识还处于初级阶段，即侧重于某一个环节或某项措施的简化，而不是全程简化；侧重于机械代替人工，而不是农机农艺融合；认为简化植棉只是栽培技术的范畴，不重视品种，更不重视良种良法配套。

2007 年，中国农业科学院棉花研究所牵头实施了公益性行业（农业）科研专项"棉花简化种植节本增效生产技术研究与应用"，开始组织全国范围内的科研力量研究棉花简化栽培技术及相关装备。该项目主要开展棉花栽培方式、栽植密度、适宜栽植的品种类型、科学施肥、控制三丝污染等方面研究，通过公益立项、联合攻关，采取多点、多次的连续试验，把各个环节的机理说清楚搞明白，在此基础上形成创新技术并应用，逐步促进棉花种植技术的改革发展。在 2009 年的项目总结会上，项目主持人喻树迅院士认为，当前我国棉花生产正面临着从传统劳累型植棉向快乐科技型植棉的重大转折机遇。在完成了棉花品种革命——从传统品种到转基因抗虫棉，再到杂交抗虫棉的普及阶段，今后亟待攻克的将是如何让劳累烦琐的棉花栽培管理简化轻松，变成符合现代农业理念的"傻瓜技术"，使棉农从繁重的体力劳动中解脱出来，在体验"快乐植棉"中实现高效增收。今后要强化"快乐植棉"理念,将各自的技术创新有机合成,形成具有核心推广价值的普适性植棉技术。在公益性行业(农业)科研专项开始执行后不久,国家棉花产业技术体系成立,棉花高产简化栽培技术被列为体系的重要研究内容,多个岗位科学家和试验站开展了相关研究。

2.1.2 轻简化植棉阶段

2011年9月在湖南农业大学召开的"全国棉花高产高效轻简栽培研讨会"上,官春云院士提出了"作物轻简化生产"的概念,喻树迅院士正式提出了"快乐植棉"的理念,毛树春和陈金湘提出了"轻简育苗"的概念。受以上专家报告的启发,结合国内多家单位的多年探索和实践,山东棉花研究中心率先提出了"轻简化植棉(棉花轻简化栽培)"的概念(董合忠等,2016),联合国内优势科研单位成立了轻简化植棉科技协作组,在不同产棉区联合开展轻简化植棉理论与技术研究。由于选题正确、分工合理、组织得当,很快便取得了一系列进展。在长江流域棉区,华中农业大学杨国正团队研究了棉花氮素营养规律和简化(一次性)施肥技术;安徽省农业科学院棉花研究所郑曙峰团队研究完善了轻简育苗和油后直播早熟棉技术。在黄河流域棉区,河北农业大学李存东团队研究了棉花衰老理论和株型调控技术;董合忠团队研究建立了精量播种、免整枝和集中成熟的理论与技术。在西北内陆棉区,石河子大学张旺锋团队研究建立了机采棉合理群体构建与脱叶技术、危常州团队研发出系列滴灌专用肥;新疆农业科学院经济作物研究所田立文研究员研究创新了单粒精播保苗壮苗技术。

为总结轻简化栽培技术研究取得的成果,2015年12月6日,山东棉花研究中心组织华中农业大学、安徽省农业科学院棉花研究所、河南省农业科学院经济作物研究所、新疆农业科学院经济作物研究所等单位的相关专家,在济南市召开了轻简化植棉论坛。会议进一步明确了棉花轻简化栽培的概念,确定了棉花轻简化栽培的科学内涵和技术内容;会议在总结理论和技术成果的基础上,集成建立了西北内陆、长江流域和黄河流域轻简化植棉技术体系,并形成了技术规程;会议还专门制订了推广应用方案,在全国三大主要产棉区推广应用。这次会议的成功召开和技术规程的制订与应用,标志着我国棉花生产正式由精耕细作向简化管理转变,改繁杂为轻简、改高投入高产出为节本高效、改劳动密集型为技术产业型。由精耕细作到轻简化植棉是我国棉花栽培技术的重大跨越。

但是,在转变和跨越过程中也不断产生了新的问题和挑战,主要表现在:一是认为机械化就是轻简化,不顾条件盲目发展机械化,忽略了农机农艺融合,虽然机械化程度提高了,但是节本增产、提质增效的目的没有达到;二是把轻简化植棉与粗放耕作混为一谈,棉花用工减少了,但产量和品质也严重下降了;三是缺少棉花轻简化生产技术方面的详细资料，基层技术人员和农民对棉花轻简化生产技术缺乏了解和认识，因此，大力宣传、示范和推广棉花轻简化栽培技术是促进我国棉花生产方式转变的重要技术保障（董合忠等，2017）。

2.1.3　轻简高效植棉阶段

2016 年以来，协作组按照"继续深化研究、不断总结完善、扩大示范推广"的总体思路继续开展工作，取得了新的突破和进展。2016 年 9 月中国农学会组织对"棉花轻简化丰产栽培关键技术与区域化应用"进行了第三方评价，协助协作组对其理论和技术成果作了进一步梳理和总结（图版 16b）；获得 2016～2017 年度神农中华农业科技奖一等奖，2017 年山东省科技进步奖一等奖，将轻简化植棉推进到轻简高效植棉的新阶段。

2019 年 6 月，中国农学会受托组织对该项目进行了第二次评价，专家们一致认为该成果达到了国际领先水平。在高度评价该项目成果的基础上，指出要以集中成熟引领轻简化植棉，建议将成果名称改为"棉花集中成熟轻简高效栽培技术"（图版 16c）。至此，形成了成熟完整的集中成熟轻简高效植棉技术及其理论体系（张冬梅等，2019a，2019b）。具体标志如下。

一是丰富了轻简高效植棉的内涵。协作组一致认为，轻简高效植棉是指简化管理工序、减少作业次数、良种良法配套、农机农艺融合，实现棉花生产轻便简捷、节本增效、绿色生态的栽培管理方法和技术。与以前的轻简化相比，增加了两个内容，即高效和绿色生态。这里的高效既指高效益，也指高效率，通常用人均管理棉田的规模来表示。绿色生态则要求减肥减药减残膜，减少棉田面源污染。

二是明确了集中成熟是轻简高效植棉的引领。过去一直认为轻简高效植棉的关键是田间管理的轻简化，实现轻简化管理就实现了轻简化植棉。按照这一思路，虽然管理简化了，但是最后的收获环节却出了问题，要么不能集中（机械）收获，要么机械收获后原棉含杂多、品质差，给原棉加工清理造成了困难。因此，轻简高效植棉要以集中成熟为引领，以精量播种成苗壮苗为基础，以轻简管理促集中成熟为保障，最终实现"种-管-收"全程轻简化。

三是形成了比较完整的集中成熟轻简高效植棉理论。围绕"种-管-收"这一主线，深入研究揭示了不同环节轻简栽培的机理，主要包括单粒精播的成苗壮苗机理、合理密植和化控免整枝的机理、部分根区灌溉节水抗旱机理、不同种植模式棉花的氮素营养规律，以及棉花集中成熟高效群体结构和主要技术参数，为集中成熟轻简高效植棉提供了理论依据。

四是创建了棉花集中成熟轻简高效栽培关键技术。棉花轻简高效植棉技术主要包括单粒精播壮苗技术，该技术不仅节约了种子，还省去了间苗、定苗环节，为集中成熟奠定了基础；免整枝技术，该技术免去了整枝打顶环节，不仅节省了用工，还塑造了集中成铃的株型，促进了群体的集中成熟；一次性施肥或水肥协同管理技术，该技术不仅提高了肥料利用率，减少了水肥投入和施肥用工，还提高了化学脱叶效果；优化成铃，构建集中成熟群体结构，保障了集中（机械）收获，大大提高了工效。

五是集成建立了集中成熟轻简高效植棉技术体系。因地制宜，建立黄河流域一熟制"增密壮株"轻简高效植棉技术体系（董建军等，2017；卢合全等，2015）、长江流域与黄河流域两熟制"直密矮株"轻简高效植棉技术体系（董合忠，2016；Dai et al.，2017）、西北内陆"降密健株"轻简高效植棉技术体系（白岩等，2017；Dong and Fok，2018），成为全国主推技术并大面积推广应用（表2-1）。

表 2-1　集中成熟轻简高效植棉的发展历程

时间	发展阶段	主要标志
2001～ 2010 年	简化栽培 探索阶段	广泛应用植物生长调节剂简化整枝修棉； 轻简育苗移栽技术代替营养钵育苗移栽技术； 研究应用缓/控释肥减少施肥次数代替多次施用速效肥等； 重视农业机械的研制和应用
2011～ 2015 年	轻简化植 棉阶段	联合国内优势科研单位成立轻简化植棉科技协作组，在不同产棉区开展轻简化植棉理论与技术研究； 集成建立了西北内陆、长江流域和黄河流域轻简化植棉技术体系，并形成了技术规程推广应用； 基本实现了农机农艺融合、良种良法配套，棉花生产逐步改繁杂为轻简、改高投入高产出为节本高效、改劳动密集型为技术产业型
2016 年 至今	轻简高效 植棉阶段	丰富了轻简高效植棉的内涵，在原有基础上增加了高效（高效率和高效益）和绿色生态； 明确了集中成熟是轻简化植棉的引领，精量播种和轻简管理是保障，最终实现"种-管-收"全程轻简化； 研究形成了比较完整的集中成熟轻简高效植棉理论； 四是创建了集中成熟轻简高效植棉的关键技术； 集成建立了集中成熟轻简高效植棉技术体系，获得了神农中华农业科技奖一等奖和山东省科技进步奖一等奖

基于全国棉花种植基地向西北内陆转移，为推广普及轻简高效植棉技术，助力新疆棉花生产步入"轻简本、绿色生态、提质增效"的可持续发展道路，2019年3月6～12日，山东棉花研究中心组织董合忠、田立文、张晓洁、代建龙、赵红军等专家赴新疆推广普及集中成熟轻简高效植棉新技术。在新疆利华（集团）股份有限公司、新疆农业科学院经济作物研究所、沙湾县人民政府的大力支持下，专家们行程 1 万多千米，先后在尉犁县、沙雅县和沙湾县 3 个植棉大县（三县植棉面积近 500 万亩），采用举办培训班、座谈交流、田间地头指导备播、发放技术资料等形式，向当地农业科技干部、植棉农民、专业合作社和相关企业系统讲解与传授了西北内陆"降密健株"轻简高效植棉新技术。

这次"万里行"活动共培训相关技术人员和植棉农民 2000 多人次，发放技术资料 3000 多份，使轻简高效植棉技术深入人心，被广泛接受，产生了深远影响。在此基础上，还取得了如下重要成果。

第一，进一步明确了制约新疆棉花生产可持续发展的关键技术问题。经过调研、座谈讨论和分析，大家一致认为，当前制约新疆棉花生产可持续发展的主要问题是，过分追求高产，投入大，成本高，棉田面源污染重，丰产不丰收、高产不高效，不符合绿色生态、可持续发展的理念和要求；注重遗传品质，忽视生产品质，密度高、群体结构不合理导致群体臃肿荫蔽、脱叶率低，棉花含杂多，是优良品种没有生产出优质棉的主要原因；注重机械代替人工，强调全程机械化，劳动强度降低了，但植棉程序没有减少，没有实现真正意义上的轻简高效。

第二，确定了解决以上问题的基本技术途径。新疆棉花生产的健康发展要走轻简高效植棉的路子，其具体技术路线是"降密健株、优化成铃、提高脱叶率"。为此要制定合理的产量目标：把高产超高产改为丰产优质；高投入高产出改为节本增效、绿色生态。主要技术途径是"良种良法配套、农机农艺融合、水肥药膜结合、水肥促进与化学调控相结合"。

第三，因地制宜，确定了西北内陆"降密健株"轻简高效植棉的关键点：①一般棉田继续推行 66 cm+10 cm 的配置方式，但要适当降低密度、合理增加株高，增加 1 条滴灌带，铺设在窄行内或大行外侧，由"1 管 3"改为"1 管 2"；②条件较好的棉田大力推行 76 cm 等行距种植，实收密度 13.5 万～15 万株/hm²，要采用单株生产力较高的棉花品种与之配套，每行棉花配置 1 条滴灌带，即"1 管 1"；③根据盐碱程度、底墒大小、地力条件和淡水资源，灵活选择传统秋冬灌或春灌、膜下春灌和滴水出苗等节水造墒播种方式，并实行年际交替轮换；④节水灌溉、科学施肥，实行基于水肥一体化的水肥协同管理，即减基肥，增追肥，减氮肥，补施微量元素，常规滴灌与亏缺滴灌交替轮换，肥料用量与每次灌水量匹配，实现水肥协同管理；⑤水肥促进与化控有机结合，塑造通透群体，免整枝、优化成铃、集中吐絮，提高脱叶率。这次"万里行"活动，大大推进了集中成熟轻简高效植棉技术在新疆的推广普及。

2019 年 10 月 14 日，山东棉花研究中心、新疆利华（集团）股份有限公司、新疆农业科学院经济作物研究所联合召开了西北内陆棉区轻简高效植棉技术测产验收会，在新疆尉犁县塔里木乡和兴平乡的棉花轻简高效栽培技术示范田进行了测产，并就近选取传统"矮密早"棉田进行勘查对比。随机抽测的两块示范田，平均实收密度 15.58 万株/hm²，比对照（20.85 万株/hm²）降低了 25.3%；平均株高 83.9 cm，比对照（71.2 cm）增加 17.8%；平均单产籽棉分别为 597.5 kg/hm² 和 543.4 kg/hm²，比对照（493.3 kg/hm²）增产 10%～21%，平均节水 15.8%、减施氮肥 15.5%。这一结果与项目组先前在新疆沙湾县、沙雅县及新疆生产建设兵团相关团场示范田的自测结果十分吻合。中国工程院院士喻树迅、山东省农业科学院党委书记周林在考察沙湾县轻简高效植棉技术示范田后皆给予了充分肯定，中国农业科学院棉花研究所毛树春研究员和新疆维吾尔自治区农技推广总站贾尔恒·伊利亚斯研究员等测产专家认为，棉花轻简高效栽培技术已经在西北内陆棉区落地生根，为西北内陆棉花省工节本、质量兴棉、绿色发展注入了全新的活力。

2.2　集中成熟轻简高效植棉的概念和内涵

棉花轻简化栽培既是与以手工劳动为主的传统精耕细作植棉相对的概念，又是对传统植棉技术的改革、创新和发展，是基于中国国情创立的现代化植棉新技术。它以集中成熟为引领，通过农机农艺融合、良种良法配套保持棉花产量不减、品质不降，实现"种-管-收"和"全程轻简化"，解决了轻简高效与高产优质的矛盾（Zhang and Dong，2019）。

2.2.1　轻简高效植棉技术的特点

第一，棉花轻简高效栽培是全程简化，它体现在棉花栽培管理的每一个环节、每一道工序，而不侧重于或局限于某个环节、某个时段、某个方面，这是轻简高效栽培技术与过去提出和采用的一些简化栽培措施的重要区别。

第二，轻简高效栽培不但要因地制宜，更要与时俱进。一方面它是动态发展的，其具体的管理技术、农业装备、保障措施等是在不断提升、更替和发展之中的，其重要特征是改革创新、与时俱进；另一方面，轻简高效植棉要符合当地生产和生态条件的要求，不顾条件、不因地制宜，盲目追求规模化、机械化等行为不可取。

第三，轻简高效栽培的目标是丰产优质、节本增效，在不断减少用工的前提下，减少水、肥、膜、药等生产资料的投入，保护棉田生态环境，实现绿色生产、可持续生产，经济效益、社会效益和生态效益相统一，这是轻简高效栽培的重要内容和目标。

第四，轻简高效栽培最难、最关键的环节是集中（机械）收获。实现集中（机械）收获的前提是棉花集中成熟。因此，轻简高效植棉要以集中成熟为引领，从播种开始，实行与机械化管理和收获相配套的标准化种植，在此基础上，根据当地的生态条件和生产条件，综合运用水、肥、药调控棉花个体和群体生长发育，构建理想株型和集中成熟高效群体结构，优化成铃、集中吐絮，为集中收获或机械采摘奠定基础。

第五，总体来看，棉花轻简高效栽培的实施没有严格的条件要求，但努力提高棉花种植的适度规模化、标准化，提高社会化服务水平是其重要保障。在当前条件下，依靠农民专业合作社、家庭农场等新型农业经营主体是推行棉花轻简高效栽培技术的重要途径。

2.2.2　轻简化与机械化的关系和区别

轻简高效植棉是对传统精耕细作技术的创新改造，与精耕细作、全程机械化等既有必然的联系又有本质的区别。原有中国特色的精耕细作栽培技术是基于我国人多地少、经济欠发达的基本国情发展起来的以高产为主攻目标的作物栽培技术，其基本原理、方式和方法仍具有一定的生命力及先进性。轻简高效植棉既不能全盘否定精耕细作，更不能走粗放耕作、广种薄收的老路子，而应该吸收、继承和创新改造传统精耕细作栽培技术。机械化是轻简化的重要手段和保障，包括播种、施肥、中耕、植保、收获在内的农业机械，以及新型棉花专用肥、植物生长调节剂、配套棉花品种等，这些都是轻简高效植棉所依赖的重要物质保障，但是农业机械化不是轻简化的全部。这包含两个层面的含义：一是轻简化要求尽可能实行机械化，但不是单纯要求以机械代替人工，而是强调农机农艺融合、良种良法配套（卢合全等，2016；辛承松等，2016）；二是轻简高效栽培还包括简化管理工序、减少作业次数，这也是与机械化的显著不同。棉花轻简化栽培强调量力而行、因地制宜、与时俱进，这也与全程机械化不同。棉花生产全程机械化涉及诸多环节，要求规模化种植、标准化管理、化学脱叶催熟、大型采棉机采收、成套加工线清理。其要求如此严格甚至苛刻，我国很多产棉区目前尚难以做到，无法开展。但是，轻简高效植棉则不同，其内涵在不同时期、不同地区有不同的约定，采用的物质装备和农艺技术与当地经济水平、经营模式相匹配。可见，轻简高效植棉更适合中国国情（代建龙等，2013，2014）。

2.3　轻简高效植棉的总体思路

轻简高效植棉要以相关理论为指导。"种-管-收"各个环节的关键技术皆有相应的理论依据。要认真学习领会并进一步完善相关理论依据，特别是棉花集中成熟调控理论、单粒精播壮苗理论、合理密植与化控的株型调控理论、棉花的氮素营养规律、棉花部分根区灌溉的节水理论、水肥协同管理提高水肥利用率的理论，以及适宜脱叶和集中（机械）收获的集中成熟群体结构类型和指标等（董合忠等，2017）。在这些相关理论的指引下，开展轻简高效植棉的研究和推广应用。

轻简高效植棉要以关键技术为支撑。"种-管-收"各个环节的关键技术各有侧重、互相依赖，其中要以集中成熟为引领，以"种"为基础，以"管"为保障，以"收"为重点。单粒精播一播全苗是轻简管理和集中收获的基础，轻简管理是减肥减药、节本增效和集中收获的保障，集中成熟、机械收获是轻简高效植棉的重点和难点，也是落脚点，要给予特别重视。

轻简高效植棉要以农机农艺融合、良种良法配套为途径。轻简高效植棉不是单纯以机械代替人工，而是要求农艺措施和农业机械有机结合，由于历史的原因，我国农业机械总体上还不能完全适应农艺要求，当前条件下农艺多配合农机是现实的、必要的；要重视轻简高效植棉技术对棉花品种的要求，实行良种良法配套才能达到事半功倍的效果。

轻简高效植棉要因地制宜。我国主要产棉区生态条件、生产条件和种植制度不一，实行集中成熟、机械收获的瓶颈不同，采取的技术路线和关键措施也不一样。其中，西北内陆棉区要"降密健株"，提高脱叶率，并通过水肥协同管理提高水肥利用率；黄河流域一熟制棉花要"增密壮株"，实现优化成铃、集中吐絮，保障集中（机械）收获；长江流域和黄河流域棉区两熟制棉花要"直密矮株"，改传统套作为大蒜（油菜、小麦）后早熟棉直播，节约成本、提高效益（表 2-2）。

表 2-2　实施轻简高效植棉的总体思路

总体思路	主要内容
以相关理论为指导	"种-管-收"各环节的轻简化皆有相应的理论依据。要认真学习领会并进一步完善相关理论依据，特别是单粒精播壮苗理论、合理密植与化控的株型调控理论、棉花的氮素营养规律、棉花部分根区灌溉的节水理论、水肥协同管理提高水肥利用率的理论，以及便于脱叶和集中（机械）收获的集中成熟群体类型、指标和调控理论等。在这些关键理论的指引下，开展轻简高效植棉的研究和推广应用
以关键技术为支撑	轻简高效植棉要以关键技术为支撑。"种-管-收"各个环节的关键技术各有侧重、互相依赖。要在集中成熟的引领下，以"种"为基础，以"管"为保障，以"收"为重点。集中（机械）收获是轻简高效植棉的重点和难点，也是落脚点，要给予特别重视
以农机农艺融合、良种良法配套为途径	轻简高效植棉要以农机农艺融合、良种良法配套为途径。轻简高效植棉不是单纯以机械代替人工，而是要求农艺措施和农业机械有机结合；要重视轻简高效植棉技术对棉花品种的要求，实行良种良法配套才能达到事半功倍的效果
轻简高效植棉要因地制宜	西北内陆棉区要"降密健株"，提高脱叶率，并通过水肥协同管理提高水肥利用率；黄河流域一熟制棉花要"增密壮株"，实现优化成铃、集中吐絮，保障集中（机械）收获；长江流域和黄河流域棉区两熟制棉花要"直密矮株"，改传统套作为大蒜（油菜、小麦）后早熟棉直播，节约成本、提高效益

总之，棉花集中成熟轻简高效栽培，以"种-管-收"为主线，以集中成熟为引领，研究突破了集中成熟轻简高效植棉的栽培学理论与关键技术，集成创建了具有中国特色的棉花轻简高效栽培技术体系，实现了棉花"种-管-收"全程高效轻简化，走出了一条适合中国国情、符合"快乐植棉"要求的轻简化植棉新路子，为我国棉花栽培技术的升级换代和传统劳动密集型向现代轻简高效型转变提供了坚实的理论与技术支撑。

参 考 文 献

白岩, 毛树春, 田立文, 等. 2017. 新疆棉花高产简化栽培技术评述与展望. 中国农业科学, 50(1): 38-50.

代建龙, 李维江, 辛承松, 等. 2013. 黄河流域棉区机采棉栽培技术. 中国棉花, 40(1): 35-36.

代建龙, 李振怀, 罗振, 等. 2014. 精量播种减免间定苗对棉花产量和构成因素的影响. 作物学报, 40 (11): 2040-2945.

董合忠. 2013a. 棉花轻简栽培的若干技术问题分析. 山东农业科学, 45(4): 115-117.

董合忠. 2013b. 棉花重要生物学特性及其在丰产简化栽培中的应用. 中国棉花, 40(9): 1-4.

董合忠. 2016. 棉蒜两熟制棉花轻简化生产的途径——短季棉后直播. 中国棉花, 43(1): 8-9.

董合忠, 李维江, 张旺锋, 等. 2018. 轻简化植棉. 北京: 中国农业出版社.

董合忠, 毛树春, 张旺锋, 等. 2014. 棉花优化成铃栽培理论及其新发展. 中国农业科学, 47(3): 441-451.

董合忠, 杨国正, 李亚兵, 等. 2017. 棉花轻简化栽培关键技术及其生理生态学机制. 作物学报, 43(5): 631-639.

董合忠, 杨国正, 田立文, 等. 2016. 棉花轻简化栽培. 北京: 科学出版社.

董建军, 李霞, 代建龙, 等. 2017. 黄河流域棉花轻简化栽培技术评述. 中国农业科学, 50(22): 4290-4298.

郭红霞, 侯玉霞, 胡颖, 等. 2011. 两苗互作棉花工厂化育苗简要技术规程. 河南农业科学, 40(5): 89-90.

卢合全, 李振怀, 李维江, 等. 2015. 适宜轻简栽培棉花品种 K836 的选育及高产简化栽培技术. 中国棉花, 42(6): 33-37.

卢合全, 徐士振, 刘子乾, 等. 2016. 蒜套抗虫棉 K836 轻简化栽培技术. 中国棉花, 43(2): 39-40, 42.

辛承松, 杨晓东, 罗振, 等. 2016. 黄河流域棉区棉花肥水协同管理技术及其应用. 中国棉花, 43(3): 31-32.

张冬梅, 代建龙, 张艳军, 等. 2019a. 黄河三角洲无膜短季棉轻简化绿色栽培技术. 中国棉花, 46(4): 45-46.

张冬梅, 张艳军, 李存东, 等. 2019b. 论棉花轻简化栽培. 棉花学报, 31(2): 163-168.

Dai JL, Dong HZ. 2015. Intensive cotton farming technologies in China. ICAC Recorder, 33(2): 15-24.

Dai JL, Dong HZ. 2016. Farming and cultivation technologies of cotton in China. *In*: Abdurakhmonov IY. Cotton Research. Rijeka, Croatia: Intech: 76-97.

Dai JL, Kong XQ, Zhang DM, et al. 2017. Technologies and theoretical basis of light and simplified cotton cultivation in China. Field Crops Research, 214: 142-148.

Dong HZ, Fok M. 2018. Light and simplified cultivation (LSC) techniques and their relevance for Africa. The ICAC Recorder, 36(4): 15-22.

Zhang YJ, Dong HZ. 2019. Yield and fiber quality of cotton. *In*: Encyclopedia of Renewable and Sustainable Materials. Amsterdam: Elsevier Inc.

第3章 棉花单粒精播成苗壮苗的理论与技术

播种是棉花生产的基础环节。棉花是子叶全出土作物，对种子质量、整地质量和播种技术要求较高。为保证一播全苗，传统植棉技术要求大播量播种（条播或穴播），出苗后间苗、定苗，不仅浪费种子，而且费工费时。探索实行单粒精播进而减免间苗、定苗环节势在必行。本项目首次发现并揭示了单粒精播、适当浅播通过调控弯钩形成和下胚轴伸长关键基因的表达，导致内源激素在棉苗顶端弯钩内外侧差异分布，促进弯钩形成和下胚轴稳健生长的规律，深入解析了单粒精播的成苗壮苗机理。我们创建了以"单粒穴播、适当浅播"为核心的棉花单粒精播成苗壮苗技术，研制出无极调距式精量播种器和系列精播机械，节种、省工、高效；发明了"宽膜覆盖边行内移增温、膜下适时适量滴水增墒"的保苗技术和早熟棉精量直播技术，保障了不同生态条件和不同种植制度下单粒精播棉花的全苗壮苗。这一颠覆传统的播种技术，不仅使发病死苗率降低 36%，带壳出苗率降低 90%，而且省去了间苗、定苗工序，每公顷省工 15 个以上，同时节约种子 50%以上，为壮苗早发、集中成熟奠定了基础。

3.1 单粒精播的出苗成苗表现

不同于花生、蚕豆等子叶不出土或半出土的双子叶植物，棉花属于子叶全出土双子叶植物类型，因此对整地质量、播种技术和播种量要求较高。基于这一生物学特性，传统观点认为一穴多粒播种或者加大播种量条播有利于棉花出苗、成苗（图版 1）。实际上这种传统认识是对棉花生物学特性的有限认知，是基于过去棉花种子加工质量和整地质量都较差，且不采用地膜覆盖的条件下形成的片面认识。

双子叶植物在顶土出苗过程中，为保护幼嫩的主茎分生组织免遭机械压力损伤，会在顶端形成弯钩结构。棉花是双子叶植物，顶端弯钩的形成对正常顶土出苗和脱掉种壳具有重要的作用。棉花子叶全出土特性并不影响棉花单粒播种，反而有利于单粒精播成苗壮苗。试验和实践皆证明，在精细整地和成熟播种技术的保证下，采用高质量种子，棉花单粒精播实现一播全苗壮苗是可行的，而且通过机械单粒精播也不影响工作效率。

大田试验研究表明，地膜覆盖条件下单粒穴播与双粒穴播、多粒（10 粒）穴播的田间出苗率相当，没有显著差异。但多粒穴播棉苗的带壳出苗率为 16.5%，单粒穴播棉苗的带壳出土率为 1.4%，说明多粒播种棉苗的带壳出土率显著高于单粒精播。棉苗 2 片真叶展开时，调查棉苗病苗率、棉苗高度和下胚轴直径发现，单粒精播棉苗的病苗率为 13.5%，多粒播种棉苗的病苗率为 21.2%，多粒播种棉苗的病苗率显著高于单粒精播；单粒精播棉苗的高度比多粒播种棉苗低 35.6%，但单粒精播棉苗的下胚轴直径比多粒播种棉苗大 29.3%，说明单粒精播更易形成壮苗（图 3-1）。生产实践也证明（图版 5），在精细整地和地膜覆盖的保证下，棉花单粒精播实现一播全苗壮苗是可行的，而且通过机械单粒精播不仅不影响工作效率，还省去了间苗、定苗环节，是轻简高效植棉的重要技术措施（董合忠等，2018）。

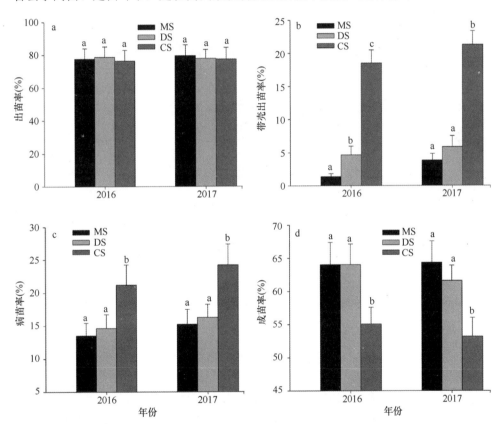

图 3-1　单粒精播（MS）、双粒穴播（DS）和多粒穴播（CS）棉苗的出苗率（a）、
　　　带壳出苗率（b）、病苗率（c）和成苗率（d）
图中不同小写字母表示差异显著（$P<0.05$）

3.2　单粒精播的成苗壮苗机理

顶端弯钩形成对双子叶植物的顶土出苗具有重要的作用。要想揭示单粒精播

促进棉花形成壮苗的机理，要先研究弯钩形成的机理。顶端弯钩的形成和展开是下胚轴顶端内外两侧细胞不对称分裂和生长导致的。当内侧细胞的生长速率慢于外侧细胞时，形成弯钩；相反，内侧细胞生长速率快于外侧细胞时，弯钩展开。在拟南芥中 HLS1、EIN3 和 COP1 等基因是调控弯钩形成的关键基因，这些基因突变都能导致弯钩不能正常形成。生长素、赤霉素和乙烯等植物激素在弯钩内外侧的差异分布是导致弯钩形成的关键原因。生长素在弯钩内侧大量累积抑制细胞生长，而赤霉素在弯钩外侧大量累积促进外侧细胞分裂和生长，从而促进了弯钩的形成（图3-2）。机械压力等信号可诱导乙烯合成，乙烯诱导弯钩形成基因表达促进弯钩形成。

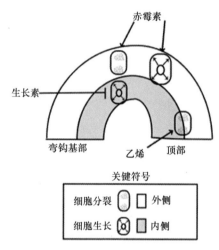

图 3-2　生长素、赤霉素和乙烯
调控顶端弯钩形成的模式图

在顶端弯钩形成和维持的过程中，生长素在顶端弯钩内侧含量高于外侧，这种生长素在弯钩内外侧的差异分布是导致弯钩形成的重要原因。弯钩形成时，生长素极性运输基因 PIN1、PIN3、PIN4、PIN7 和 AUX1/LAX3 在弯钩内外侧差异表达，导致生长素在弯钩内外侧不对称分布，从而促进弯钩形成。外源施加生长素转运抑制剂，可抑制弯钩处生长素梯度建立和弯钩形成。顶端弯钩内外侧生长素梯度形成后，通过生长素信号转导途径进行下游信号调控，最终引起内外侧细胞的不对称生长。因此，生长素信号转导途径中的关键因子对顶端弯钩的发育也具有至关重要的作用。生长素响应因子（auxin response factor，ARF）是能够与生长素响应基因启动子中的 AuxRE 特异结合而发挥作用的一类转录因子。ARF 转录因子在调控弯钩形成中具有重要作用，arf7、arf19 功能缺失突变体的顶端弯钩发育发生缺陷。

赤霉素（gibberellin，GA）是一类广泛存在于植物中的激素，在顶端弯钩的发育过程中起着重要的作用，赤霉素可通过促进弯钩外侧细胞的伸长和分裂来促进弯钩的形成。在黑暗条件下，外源施加赤霉素抑制剂多效唑可抑制拟南芥顶端弯钩形成。赤霉素可促进弯钩形成关键基因 HLS1 的表达，从而促进弯钩形成。另有研究发现，赤霉素可能通过影响生长素信号转导进而参与顶端弯钩的发育过程。

乙烯在植物种子萌发、开花、果实成熟及对逆境胁迫的应答等方面具有重要作用。另外，乙烯对顶端弯钩具有重要的调控作用，在黑暗条件下，外源施加乙烯，幼苗会表现出典型的乙烯"三重反应"，即下胚轴增粗、变短及顶端弯钩的弯曲度增大。大量乙烯受体基因参与调控弯钩形成，乙烯受体基因的突变体 ein2、ein3、etr1-1 和 ers1-1 等都表现出乙烯不敏感和顶端弯钩缺陷表型。乙烯能够增强生长素外输载体 PIN1、PIN3、PIN4 和 PIN7，以及内输载体 AUX1 和 LAX1 的表达，从而促进弯钩形成。乙烯还可诱导弯钩形成关键基因 HLS1 的表达，从而促进顶端弯钩的形成。此外，乙烯也能够促进赤霉素的生物合成。在黑暗条件下，经外源施加乙烯后，顶端弯钩中赤霉素的合成基因 GA1 表达量上调，且能够促进赤霉素应答启动子片段 GASA1 在顶端弯钩外侧的表达。因此，推测赤霉素的合成可能受到乙烯信号转导途径中下游转录因子 EIN3/EIL1 的影响。另外，在豌豆中发现，乙烯合成基因 ACO1 在弯钩内侧的表达量高于外侧。总之，正常乙烯的产生和信号转导途径是顶端弯钩发育过程所必需的，且乙烯对于顶端弯钩内外侧生长素的不对称分布是不可或缺的。乙烯信号通路通过转录因子 EIN3/EIL1 调控多个基因在顶端弯钩的表达，使得乙烯与赤霉素和生长素信号互作调控顶端弯钩的形成。

在拟南芥中，研究发现，播种种子萌发后，幼苗上部覆盖物对幼苗产生机械压力，机械压力可以诱导乙烯合成基因表达促进乙烯合成，并通过乙烯通路调控弯钩形成，促进正常顶土出苗。因此，在棉花中深入研究机械压力调控棉花弯钩形成的机理，不仅具有重要的理论意义，还具有重要的实践意义。

基于前人对拟南芥等模式植物的研究，我们研究了棉花不同播种深度和每穴播种粒数对棉花顶端弯钩形成的影响。发现随着播种深度增加，棉苗所受压力增加，诱导乙烯合成基因 ACO1 表达，促进棉苗乙烯含量增加，从而促进弯钩形成；而与多粒穴播棉苗相比，单粒精播棉苗受到的顶土压力较大，则乙烯合成基因 ACO1 表达量增加，乙烯含量增加，从而导致单粒精播棉苗弯钩的弯曲程度大于多粒精播，更容易顶土出苗（图3-3）。利用乙烯供体 1-氨基环丙烷-1-羧酸（ACC）和抑制剂 1-甲基环丙烷（1-MCP）分别处理棉苗，发现乙烯供体 ACC 处理能够诱导弯钩形成关键基因 HLS1 表达，促进弯钩形成，同时促进下胚轴增粗；而抑制剂 1-MCP 处理具有相反的作用，进一步说明乙烯在棉花弯钩形成中具有重要的作用（图3-4）（Kong et al.，2018）。

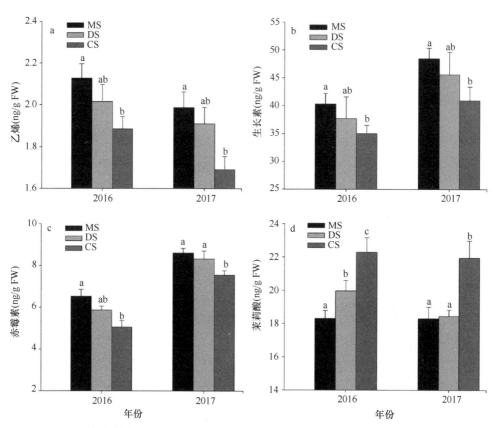

图3-3 单粒精播（MS）、双粒穴播（DS）和多粒穴播（CS）棉苗的乙烯（a）、
生长素（b）、赤霉素（c）和茉莉酸（d）含量比较
条柱上标注不同字母表示差异显著（*P*=0.05）

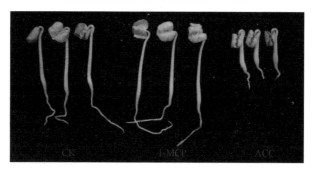

图3-4 乙烯供体 ACC 及抑制剂 1-MCP 对棉苗顶端弯钩形成的影响
ACC 处理弯钩快速形成，而 1-MCP 处理则不形成弯钩，CK 为不处理的对照

植物激素在弯钩内外侧的差异分布是棉花弯钩形成的关键。我们把播种深度
分别为 1 cm 和 3 cm 的棉苗取出，从顶端沿纵轴中心线把弯钩分成了内侧和外侧，
发现弯钩外侧细胞数量和大小都高于内侧，说明弯钩外侧细胞分裂和细胞生长快

于弯钩内侧。播深 1 cm 处理的弯钩外侧细胞比内侧细胞多 43%，而播深 3 cm 处理的弯钩外侧细胞比内侧细胞多 96%。进一步测定弯钩内外侧相关激素含量发现，无论是播深 1 cm 还是 3 cm 的棉苗，赤霉素（GA）和茉莉酸（JA）在弯钩外侧的含量皆高于内侧，但生长素（IAA）和乙烯在弯钩外侧的含量低于内侧，并且播深 3 cm 处理的弯钩内侧和外侧 GA、JA 及乙烯含量都高于播深 1 cm 处理的弯钩。这些结果表明，乙烯、GA、IAA 和 JA 在弯钩内外侧的差异分布是促进棉苗弯钩形成的关键（Kong et al.，2018）。

在以上研究的基础上，我们利用转录组研究了不同处理弯钩内外侧相关基因的表达，发现弯钩内外侧存在大量差异表达的基因。对弯钩内外侧差异表达基因进行 GO 分析发现，这些基因主要富集到激素水平、乙烯合成途径、转录调节和生长素响应及信号转导、防御反应、氧化还原过程途径。进行 KEGG 分析发现，差异表达基因主要富集到植物激素信号转导、油菜素内酯合成、氨基酸代谢及脂肪酸代谢等通路。在这些差异表达基因中发现了大量乙烯、生长素、赤霉素合成代谢和信号转导相关基因。转录组分析结果进一步说明，植物激素在弯钩形成中发挥了至关重要的作用。在 1 cm 与 3 cm 播深处理棉苗弯钩中也发现了大量差异表达的基因。大量参与弯钩形成的基因 *EIN3*、*HLS1*、*COP1* 和 *PIF3* 在 3 cm 播深处理弯钩中的表达量高于 1 cm 播深处理，说明这些基因在棉花弯钩形成中具有重要作用。进一步利用病毒介导的基因沉默（VIGS）技术分别沉默 *EIN3*、*HLS1*、*COP1* 和 *PIF3* 基因，发现这些基因沉默后都不同程度地抑制了弯钩形成，证实这些基因在棉花中具有促进弯钩形成的功能，而 *GFP* 对照及沉默 *GhHY5* 基因对弯钩形成没有影响（图 3-5）。

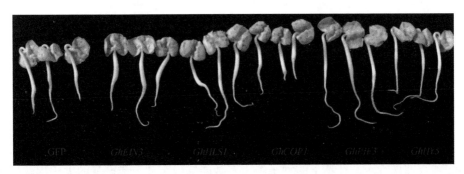

图 3-5　利用 VIGS 技术沉默 *EIN3*、*HLS1*、*COP1* 和 *PIF3* 基因对棉花弯钩的影响
GFP 为没有沉默任何基因的对照，*GhEIN3*、*GhHLS1*、*GhCOP1*、*GhPIF3* 和 *GhHY5* 分别代表
各自 VIGS 基因沉默的棉苗

我们利用 RT-PCR 检测了同一播深的单粒精播和多粒穴播棉苗中弯钩形成关键基因 *EIN3*、*HLS1*、*COP1* 和 *PIF3* 及乙烯合成基因 *ACO1* 的表达量，发现单粒精播棉苗中弯钩形成关键基因 *EIN3*、*HLS1*、*COP1* 和 *PIF3* 及乙烯合成基因 *ACO1*

的表达量均高于多粒穴播，这可能是单粒精播棉苗弯钩形成优于多粒穴播，更易成苗壮苗的重要原因。

综上，单粒精播出苗壮苗的生理及分子机制在于，单粒精播较多粒穴播，棉苗顶土出苗时受到的顶土压力较大，诱导乙烯合成基因 *ACO1* 表达，产生足量乙烯；乙烯一方面诱导弯钩形成关键基因 *HLS1* 表达，促进弯钩形成，另一方面诱导促进下胚轴增粗、抑制下胚轴伸长的关键基因 *ERF1* 表达，从而促进了下胚轴增粗，促进形成壮苗。另外，与多粒穴播相比，单粒精播还能够通过提高棉苗中 IAA 和 GA 的含量、降低 JA 的含量，促进弯钩形成基因 *HLS1* 的表达，进一步促进棉苗顶端弯钩的形成。与之相反，多粒穴播棉苗顶土力量大，容易导致土壤提前开裂，光线照射的棉苗，*COP1* 基因表达量和 COP1 蛋白含量降低，导致 *HLS1* 基因表达下降，弯钩提前展开，带壳出苗（Kong et al.，2018）。单粒精播棉苗出苗后皆有独立的生长空间，互相影响小，易形成壮苗；而多粒穴播棉苗出苗后，棉苗积聚在一起，相互遮阴，导致下胚轴快速伸长，易形成高脚苗（图 3-6）。

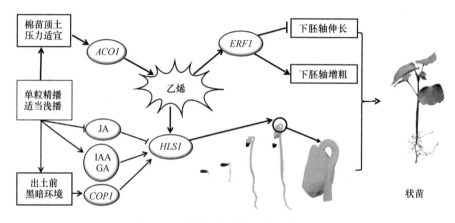

图 3-6　棉花单粒精播成苗壮苗机理

3.3　单粒精播成苗壮苗关键技术

精量播种是选用精良种子，根据计划密度确定用种量，通过创造良好种床，并配置合理株行距，使播下的种子绝大多数能够成苗并形成产量的大田棉花播种技术。采用精量播种技术，不疏苗、不间苗、不定苗，保留所有成苗并形成产量。

3.3.1　黄河流域一熟制棉花单粒精播成苗壮苗技术要求

黄河流域棉区棉花单粒精播的核心技术要求是，在精细整地的基础上，单粒精播、适当晚播、种肥同播（代建龙等，2014；董合忠等，2016；张冬梅和董合忠，2017）（图版 4a）。

1）播前精细整地和灭草。一是种子处理，种子经过脱绒、精选后，用抗苗病防蚜虫的种衣剂包衣，单粒穴播的种子质量应达到：健子率≥90%，发芽率≥90%，破子率≤3%；一穴播种 1～2 粒的种子质量应达到健子率≥80%，发芽率≥80%，破子率≤3%。二是精细整地并喷除草剂，棉田耕翻整平后，每公顷用 48%氟乐灵乳油 1500 ml，兑水 600～750 kg，均匀喷洒地表后耙地或耙耧混土。三是选择适宜的精量播种机械，要求能够一次性地精确定位精量播种、盖土、种行镇压、喷除草剂、肥料深施、铺膜、压膜、膜边覆土等一条龙作业任务。

2）适当晚播、种肥同播。人们传统认为在膜下 5 cm 地温稳定通过 15℃后就可以播种。基于控制烂铃和早衰、促进集中结铃的需要，可以较传统播种期推迟 5～10 d，黄河流域西南部 4 月 20～30 日播种，中部和东北部 4 月 25 日至 5 月 5 日比较适宜。参考这一播种期范围，结合品种特性、当时天气和墒情灵活掌握。黄河流域棉区一熟制棉花，实行"单粒精播、种肥同播"。要求在播种的同时，深施（10 cm 以下）种肥（基肥），不仅免除了间苗、定苗工序，还可省去另施基肥的环节，节种 50%～80%，并且解决了高脚苗的问题。

3）技术要求。每穴 1 粒时用种量为 15 kg/hm² 左右，每穴 1～2 粒时用种量为 22.5 kg/hm²，盐碱地可以增加到 25～30 kg/hm²。播深 2.5 cm 左右，下种均匀，深浅一致；种肥或基肥（复合肥或控释肥）施入播种行 10 cm 以下土层，与种子相隔 5 cm 以上的距离；盖土后再用 50%乙草胺乳油 1050～1500 ml/hm²，兑水 450～750 kg/hm²，或 60%丁草胺乳油 1500～1800 ml/hm²，兑水 600～750 kg/hm²，均匀喷洒播种床防除杂草；然后选择 0.008 mm 及以上厚度地膜，铺膜要求平整、紧贴地面，每隔 2～3 m 用碎土压膜。

4）及时放苗。覆膜棉田齐苗后立即放苗，盐碱地沟畦播种在齐苗后 5～7 d 打小孔，炼苗 5～7 d 后选择无风天放苗。精准播种棉田不间苗、不定苗，保留所有成苗。雨后尽早中耕松土，深度 6～10 cm。棉花苗期不浇水。

3.3.2　西北内陆棉花单粒精播成苗壮苗技术要求

西北内陆棉花单粒精播技术已经比较成熟，但播种期和苗期经常遇到低温干旱逆境的影响，因此保苗成苗是整个技术的核心。要在搞好播前整地和节水造墒的基础上，因地制宜，推广应用"宽膜覆盖边行内移增温、膜下适时适量滴水增墒"的保苗技术（田立文等，2015）（图版 4c）。

1）冬灌前深翻或深松最佳，没有条件冬灌的棉田也可先深松，深松后浇冬灌水或次年浇春灌水。同一棉田间隔 2～3 年深松一次为宜，其中黏土棉田 2 年深松一次，壤土棉田可 3 年深松一次。壤土或砂性壤土的棉田深松深度为 40 cm，表层为壤土、下层为黏土或均为黏土的棉田,深松深度以 50 cm 为宜。从深松效果来看,翼铲式深松铲对犁底层破坏不彻底,容易形成大小不一的坚硬土块;弯刀式深松铲对耕层土壤的搅动效果较好,对犁底层破坏均匀、充分,推荐使用;凿型振动式深松铲介于两者之间。结合深耕或深松、冬灌或春灌,耙耱整平。

2)根据盐碱程度、底墒大小、地力条件和淡水资源,灵活选择传统秋冬灌或春灌、膜下春灌和滴水出苗等节水造墒播种方式,并实行年际交替轮换。其中新疆北部要坚持"干土播种、滴水出苗",盐碱较重的棉田可与秋冬灌交替;新疆南部在继续实行秋冬灌的基础上,根据盐碱程度、底墒大小、地力条件和淡水资源适当发展膜下春灌、膜上播种,底墒较好的棉田可试行干土播种、滴水出苗。

3)当土壤表层(5 cm)稳定通过 12℃时即可播种。使用智能化精量播种机械,铺滴灌带、喷除草剂、覆膜、打孔播种等工序一并进行;采用 2.05 m 地膜,1 膜盖 3 行,1 行 1 带(滴灌带),行距 76 cm,株距 5.6~8.8 cm。膜上打孔,精准下种,下子均匀,一穴一粒,空穴率小于 3%,播深 2~2.5 cm。采用干播湿出棉田在温度达标时滴出苗水,滴水量为 120~180 m³/hm²。

3.3.3 长江流域与黄河流域两熟制早熟棉单粒精播成苗壮苗技术要求

黄河流域部分地区和长江流域棉区实行两熟制和多熟制,主要采用棉花与油菜、小麦、大蒜等作物套种的传统种植模式。这种模式虽然单位面积的产出和效益较高,但费工费时,效率极低。为此,改棉花-大蒜(小麦、油菜)套种为大蒜(小麦、油菜)后早熟棉(短季棉)直播,建立机械单粒精播技术,保证了两熟制棉花的精量播种,解决了两熟制不能实行机械精量播种的难题(Lu et al.,2017;杨国正,2016;董合忠,2016)。技术要点如下(图版 4b)。

1)播前整地。麦后采用免耕贴茬直播。小麦留茬高度不超过 20 cm,小麦秸秆粉碎长度不超过 10 cm,粉碎后均匀抛洒。蒜后清理残茬,采用免耕播种。也可整地后播种,采用旋耕机旋耕,耕深 10~15 cm。每公顷用 48%氟乐灵乳油 1500~1600 ml,兑水 600~700 kg,均匀喷洒地表,耙地或耙耱混土后机械播种。

2)精量播种。小麦收获后,立即采用开沟、施肥、播种、镇压、覆土一次性完成的精量播种联合作业机直接播种,精量条播时用种量 22.5 kg/hm²,精量穴播时用种量 18 kg/hm² 左右。播后用 33%二甲戊灵乳油 2.25~3.0 L/hm²,兑水 225~300 kg/hm² 均匀喷洒地面。大蒜收获后,采用多功能精量播种机抢时、抢墒播种,用种量 18~22.5 kg/hm²。播后用 33%二甲戊灵乳油 2.25~3.0 L/hm²,兑水 225~300 kg/hm² 均匀喷洒地面。

3)行距配置和管理。等行距种植,行距为 60~70 cm,采用机械收获时可选用 76 cm。自然出苗,出苗后不间苗、不定苗,实收株数 7.5 万~10.5 万株/hm²。

综上所述，实行精量播种减免间苗、定苗可以实现一播全苗、壮苗早发，为集中成熟打下基础，完全可以在我国主要产棉区推广普及。但采取该项技术必须注意以下3点。一是要因地制宜地选择精量播种保苗壮苗技术。西北内陆棉区膜上单粒精播技术已经基本普及，重点在于综合运用精细整地、种子处理和温墒调节等措施保苗壮苗；黄河流域棉区一熟制仍提倡先播种后盖膜，单粒穴播时种子发芽率要在90%以上，否则提倡每穴1～2粒并有配套的精量播种机械，以确保较高的出苗率和收获密度；两熟制条件下播种成苗壮苗的关键在于墒情，要在有水浇条件的田块进行，要求精量播种即可，不必强调单粒精播。二是先播种后盖膜，在人工放苗时可以适当控制一穴多株，以解决棉苗分布不均匀的问题。三是按照稀植稀管、密植密管的原则进行大田管理。减免间苗、定苗，通常情况下密度会有相应增加，必然导致植株群体长势增强，因此通过合理化调，控制株高和营养生长，搭建集中成熟高效群体，才能实现产量不减、集中吐絮的目标。精量播种是一项先进的现代农业技术措施。扎实做好了会使棉花生产轻简、节本、高效。但是，如果措施不当，方法不对，作业质量达不到规定要求，也可能会给生产带来损失。因此，要加强各项运行、管理工作，切实运用好这项措施，确保棉花一播全苗。还要注意，精量播种减免间苗、定苗只是棉花轻简化栽培的一个环节，只有和高质量种子生产加工技术、轻简施肥、免整枝、水肥协同高效管理及集中收获技术等有机结合起来，才能实现真正意义上的轻简高效栽培。

参 考 文 献

代建龙, 李振怀, 罗振, 等. 2014. 精量播种减免间定苗对棉花产量和产量构成因素的影响. 作物学报, 40(11): 2040-2945.

董合忠. 2016. 棉蒜两熟制棉花轻简化生产的途径——短季棉蒜后直播. 中国棉花, 43(1): 8-9.

董合忠, 李维江, 汝医, 等. 2017. 无级调距式膜上精量播种机: 中国, ZL201410725608.0.

董合忠, 李维江, 张旺锋, 等. 2018. 轻简化植棉. 北京: 中国农业出版社.

董合忠, 杨国正, 田立文, 等. 2016. 棉花轻简化栽培. 北京: 科学出版社.

卢合全, 代建龙, 李振怀, 等. 2018. 出苗期遇雨对不同播种方式棉花出苗及产量的影响. 中国农业科学, 51(1): 60-70.

田立文, 崔建平, 郭仁松, 等. 2015. 新疆棉花精量播种棉田保苗方法: 中国, ZL201310373743.9.

杨国正. 2016. 棉花免耕夏直播的栽培方法: 中国, ZL201410273847.7.

张冬梅, 董合忠. 2017. 黄河流域棉区棉花轻简化丰产栽培技术体系. 中国棉花, 44(11): 44-46.

Kong XQ, Li X, Lu HQ, et al. 2018. Monoseeding improves stand establishment through regulation of apical hook formation and hypocotyl elongation in cotton. Field Crops Research, 222: 50-58.

Lu HQ, Dai JL, Li WJ, et al. 2017. Yield and economic benefits of late planted short-season cotton versus full-season cotton relayed with garlic. Field Crops Research, 200: 80-87.

第4章 棉花集中成熟轻简高效管理的理论与技术

整枝、灌溉和施肥是 3 个最重要的棉田管理措施，既是节本减投、提质增效的潜力所在，又是集中成熟、集中（机械）收获的重要保障。传统植棉要求精细整枝，多次大量灌水和施肥，不仅费工费时，而且肥水消耗大、浪费多。探索免整枝和轻简高效运筹肥水的理论与技术，对于轻简植棉、绿色生产、集中收获十分重要。本项目探明了合理密植与化学调控通过激素相关基因差异表达及内源激素的差异分布调控棉花叶枝和主茎顶端生长的机理，首次揭示了部分根区灌溉诱导叶源茉莉酸作为长距离信号分子调控灌水、侧根系吸水，并提高水分利用效率的机理；明确了中量滴灌与低量滴灌交替、施肥量与灌水量协同，并与棉花需肥规律匹配进一步提高水肥利用率的机制。在此基础上，本项目创建了合理密植、化学调控和水肥运筹相结合的棉花免整枝技术，建立了基于膜下分区交替滴灌的节水灌溉新技术和膜下分区交替滴灌与水肥一体化先后结合的水肥协同管理技术，不仅实现了棉田管理的省工、节本、高效，提高了水肥利用率，还促进了集中成熟，为集中（机械）收获奠定了基础。

4.1 叶枝和主茎调控机理与免整枝技术

棉花具有无限生长习性，棉株主茎基部着生叶枝，叶枝不能直接结铃，因此去叶枝是重要的传统植棉措施（图版 6）。为保证在有限生长期内开花结铃和吐絮，传统植棉要求适时去掉主茎顶（打顶），包括去叶枝、打顶等措施的精细整枝技术，费工费时、效率极低，必须予以简化。简化整枝就是利用农艺和化学方法调控叶枝和主茎顶端生长，减免去叶枝、打顶、抹赘芽、去老叶、去空果枝等传统整枝措施。要实现免整枝而不减产、降质，需要综合运用适宜品种、化学调控与合理密植等技术措施，其中核心技术是合理密植与化学调控结合（董合忠等，2016）。

4.1.1 叶枝的生长发育特点

叶枝也称营养枝或假轴分枝，一般着生在主茎基部第 3～7 片真叶之间，是不能直接着生棉铃的枝条。叶枝多少和强弱与品种有关，一般生育期长的晚熟、中熟棉花品种叶枝多（强）于生育期短的早熟棉花品种，杂交棉花品种多（强）于常规棉花品种；叶枝多少和强弱受环境条件和栽培措施的显著影响，其中种植密度的影响最为突出，种植密度越高，叶枝越少、越弱（董合忠等，2007，2008，2016）。

棉花植株真叶和子叶叶腋内皆可出生叶枝，但以真叶叶腋出生的叶枝优势强；不整枝时，棉花植株出生的叶枝一般可达 1～6 条，以 3～5 条的概率最大。下部叶枝出生早，但长势弱，生长速率较慢，结铃率低，是劣势叶枝；上部叶枝出生虽晚，但长势旺，生长速率较快，结铃率高，是优势叶枝。

叶枝叶的比叶重小于主茎叶和果枝叶；叶枝上着生的二级果枝的单枝生长量远远低于主茎果枝。叶枝现蕾开花时间晚于主茎，但与主茎同时达到高峰期，终止时间早于主茎，这就是留叶枝棉花叶枝的打顶时间要比主茎提前 5～7 d 的原因。总体上叶枝的成铃率低于果枝，叶枝铃的铃重一般比果枝铃低 10%左右，衣分略低于果枝铃，一般低 5%左右。叶枝铃的纤维品质指标大部分略低于果枝铃（表 4-1）。由于叶枝铃的这些特点，控制叶枝生长进而减少叶枝结铃可在一定程度上提高棉纤维品质（Li et al.，2019a）。

表 4-1　叶枝铃与果枝铃棉纤维品质比较（2015～2016 年，临清市）

种植密度 （万株/hm²）	棉铃类型	上半部纤维长度 （mm）	整体度 （%）	短纤维 （%）	纤维强度 （cN/tex）	马克隆值
3	叶枝	29.48b	85.9b	5.6b	28.6b	4.3b
	果枝	30.44a	88.3a	4.9c	31.1a	4.1bc
6	叶枝	29.42b	84.2b	6.3a	28.5b	4.6a
	果枝	30.32a	86.7a	5.1bc	31.0a	4.4b
9	叶枝	29.31b	83.9b	6.4a	28.3b	4.7a
	果枝	30.28a	86.0a	5.2bc	30.7a	4.5b
平均	叶枝	29.40b	84.7b	6.1a	28.5b	4.5a
	果枝	30.35a	87.0a	5.1b	30.9a	4.3b

注：同列数值标注不同字母者为差异显著（$P<0.05$），供试品种为 'K836'

4.1.2　合理密植控制叶枝的效应和机理

设置不同的种植密度或针对叶枝进行遮阴，研究发现，高种植密度通过降低叶枝光合作用、改变激素合成代谢相关基因的表达和内源激素含量抑制叶枝生长，叶枝遮阴通过与高种植密度基本相同的机制来控制叶枝生长（Li et al.，2019a，2019b）。

高种植密度显著抑制叶枝生长。高种植密度下叶枝干重与总干重的比值及叶枝数目均显著低于低种植密度处理（图 4-1）（图版 6b）。其中，在播种后 125 d，与低种植密度相比，高种植密度棉花叶枝干重与总干重的比值降低了 95.0%，叶枝数目减少了 67.3%。叶枝的结铃数和对籽棉产量的贡献随密度升高也显著减小（表 4-2）。

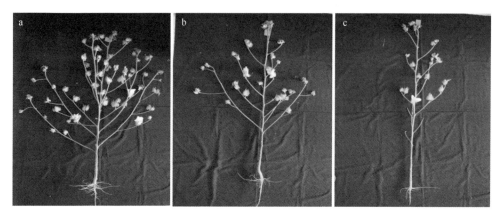

图 4-1　不同种植密度的棉花株型

自左至右种植密度分别为 3 万株/hm², 6 万株/hm², 9 万株/hm²

表 4-2　种植密度对棉花总产量及产量构成和叶枝产量的影响（2015～2016 年，临清市）

种植密度 （万株/hm²）	果枝铃铃重 （g）	叶枝铃			总籽棉产量 （kg/hm²）	总铃数 （个/m²）	平均铃重 （g）	叶枝铃产量 贡献 （%）
		铃重 （g）	铃数 （个/m²）	籽棉产量 （kg/hm²）				
3	5.72a	5.12a	26.8a	1364a	3813a	69.9a	5.43a	35.8a
6	5.18b	4.47b	13.8b	621b	3872a	76.2b	5.14b	16.0b
9	5.01c	3.80c	1.7c	65c	3887a	78.1b	5.03b	1.7c

注：表中同一列数据后面不同字母表示差异显著（$P<0.05$）。供试品种为'K836'

高种植密度显著降低了棉花叶枝叶光合作用。在播种后 110 d 和 125 d，与低种植密度相比，高种植密度棉花叶枝叶净光合速率（Pn）分别降低了 76.4% 和 83.7%，RuBP 羧化酶的活性分别降低了 28.1% 和 33.2%，叶绿素含量分别减少了 62.8% 和 68.6%，可溶性糖含量分别减少了 25.8% 和 26.4%，淀粉含量分别减少了 44.4% 和 40.0%。

高种植密度改变棉花主茎顶和叶枝顶激素合成代谢相关基因的表达及相应激素含量。增加种植密度提高了棉花主茎顶生长素合成、转运及细胞分裂素合成关键基因的表达量。在播种后 110 d 和 125 d，与低种植密度相比，高种植密度主茎顶生长素合成关键基因 *GhYUC5* 的表达量分别增加了 62.5% 和 43.7%，生长素转运基因 *GhPIN1* 的表达量分别增加了 34.1% 和 21.5%，细胞分裂素合成关键基因 *GhIPT3* 的表达量分别增加了 79.7% 和 82.9%；相应的生长素含量分别增加了 43.9% 和 31.3%，细胞分裂素含量分别增加了 29.7% 和 38.6%。与主茎顶相反，棉花叶枝顶生长素、细胞分裂素合成、转运关键基因的表达量与含量随着种植密度的增加而降低，其中，在播种后 110 d 和 125 d，与低种植密度相比，高种植密度棉花叶枝顶生长素合成关键基因 *GhYUC5* 的表达量分别降低了 65.8% 和 57.0%，生长素

转运基因 *GhPIN1* 的表达量分别降低了 61.4%和 60.6%，*GhPIN5* 的表达量分别降低了 86.1%和 72.7%，细胞分裂素合成关键基因 *GhIPT3* 的表达量分别降低了 63.8%和 66.8%，而编码独脚金内酯受体的基因 *GhD14* 的表达量分别增加了 57.1%和 57.8%。同时，种植密度增加抑制了编码光敏色素 B 蛋白的基因 *GhphyB* 及糖合成关键基因 *GhCYFBP* 的表达，在播种后 125 d，与低种植密度相比，高种植密度叶枝顶 *GhphyB* 基因的表达量降低了 62.3%，*GhCYFBP* 基因的表达量降低了 67.3%。与这些关键基因表达相对应，叶枝顶生长素的含量分别减少了 45.3%和 27.9%，细胞分裂素的含量分别减少了 38.3%和 25.7%，赤霉素的含量分别减少了 23.1%和 38.2%，油菜素内酯的含量分别减少了 28.8%和 21.5%，而独脚金内酯的含量分别增加了 25.3%和 31.2%。

遮阴显著降低棉花叶枝叶光合作用。在播种后 55 d、62 d 和 69 d，与对照相比，遮阴棉花叶枝叶净光合速率（Pn）分别降低了 42.7%、86.3%和 96.4%，RuBP 羧化酶的活性分别降低了 23.7%、29.1%和 28.0%，叶绿素含量分别减少了 46.7%、44.1%和 82.0%，可溶性糖含量分别减少了 74.3%、48.9%和 51.7%，淀粉含量分别减少了 80.0%、58.7%和 86.0%。而叶枝遮阴显著促进棉花主茎叶中光合产物积累，与对照相比，在播种后 55 d、62 d 和 69 d，主茎叶净光合速率（Pn）分别增加了 12.2%、15.1%和 12.2%，RuBP 羧化酶的活性分别增加了 13.2%、5.4%和 9.8%，叶绿素含量分别增加了 10.0%、16.2%和 18.4%，可溶性糖含量分别增加了 21.1%、19.2%和 22.5%，淀粉含量分别增加了 12.3%、37.4%和 38.1%。

遮阴也影响棉花叶枝顶激素合成代谢相关基因的表达和激素含量，通过与密植相似的机制抑制叶枝生长。在播种后 55 d、62 d 和 69 d，与对照相比，遮阴叶枝顶生长素合成关键基因 *GhYUC5* 的表达量分别减少了 79.1%、86.4%和 91.2%，生长素转运基因 *GhPIN1* 的表达量分别减少了 55.5%、76.1%和 81.9%，*GhPIN5* 的表达量分别减少了 23.6%、77.1%和 82.2%，细胞分裂素合成关键基因 *GhIPT3* 的表达量分别减少了 41.5%、94.2%和 92.9%，而编码独脚金内酯受体的基因 *GhD14* 的表达量分别增加了 11.7%、32.7%和 56.1%。同时，遮阴抑制编码光敏色素 B 蛋白的基因 *GhphyB* 及糖合成关键基因 *GhCYFBP* 的表达，在播种后 55 d、62 d 和 69 d，与对照相比，遮阴后叶枝顶 *GhphyB* 基因的表达量分别减少了 26.5%、32.7%和 56.1%，*GhCYFBP* 基因的表达量减少了 87.7%、88.6%和 96.3%。与这些关键基因的表达相对应，遮阴棉花叶枝顶生长素、细胞分裂素和油菜素内酯的含量比对照显著降低，在播种后 55 d、62 d 和 69 d，遮阴棉花叶枝顶生长素的含量分别减少了 33.8%、19.7%和 40.8%，细胞分裂素的含量分别减少了 19.3%、12.6%和 24.1%，油菜素内酯的含量分别减少了 24.6%、26.2%和 27.8%，而独脚金内酯的含量分别增加了 21.5%、30.5%和 28.6%（Li et al.，2019b）。

总之，通过密植和人工遮阴改变光照强度与光谱特性，一方面直接削弱了叶枝光合作用；另一方面抑制了叶枝顶光受体基因（*phyB*）的表达，降低了叶枝生长素合成与转运关键基因（*GhYUC5*、*GhPIN*）、细胞分裂素合成关键基因（*GhIPT3*）的表达量及相应激素含量，提高了编码独脚金内酯受体的基因（*GhD14*）的表达量及独脚金内酯含量，从而抑制了叶枝生长（图 4-2），而主茎顶相关基因表达和激素含量变化则表现出相反的趋势（Li et al.，2019a，2019b）。缩节安化控，一方面下调功能叶生长发育相关蛋白表达，减少碳水化合物合成，减少能量代谢，实现对株高的控制；另一方面促进光合产物向根、茎和生殖器官运输，减少了向主茎顶端运输，从而抑制了顶端生长（侯晓梦等，2017）。由此可见，合理密植与缩节安化控有机结合，并配合科学运筹肥水、株行距合理搭配等农艺措施，可以有效地调控棉花叶枝和顶端生长，实现免整枝（图版 6c）。

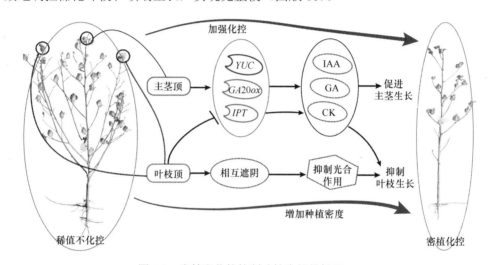

图 4-2　密植和化控控制叶枝生长的机理

4.1.3　棉花叶枝控制技术

通过提高种植密度控制叶枝的生长发育是简化整枝甚至是免整枝的有效途径。棉花种植密度超过 7.5 万株/hm² 时，棉株中下部遮阴程度加大，会改变棉株体内相关激素含量和比例，抑制叶枝的生长发育，导致叶枝很弱；加上缩节安与水肥调节，叶枝只形成较少产量甚至基本不形成产量，完全可以减免整枝。过去没有化学调控，高种植密度会引起顶端生长加剧，现在依靠化学调控可以较好地解决这个问题。这一途径是世界各国，特别是发达植棉国家普遍采用的栽培模式，也是发展轻简化、机械化植棉的必然要求。进一步研究发现，肥水管理及株行距搭配甚至行向都在一定程度上影响叶枝的发育：①基肥越多或氮肥投入越多，叶枝生长发育越旺盛；②速效肥对叶枝生长发育的促进作用大于缓/控释肥；③灌水越多、持续时间越长，叶枝生长发育越旺盛；④行距搭配影响叶枝的发育，大小行种植、东西行向有利于叶枝发育，而等行距、南北行向种植便于控制叶枝生长发育；⑤喷施缩节安显著抑制顶端生长，控制株高。因此，专用缓/控释肥代替速效肥或者减少基肥、增加追肥，减施氮肥、平衡施肥，适度亏缺灌溉或部分根区灌溉，喷施植物生长调节剂缩节安等都是控制叶枝发育的有效途径。种植密度和化学调控等因素对叶枝及株高调控效应与机理的明确为简化整枝甚至免整枝提供了十分重要的理论指导（董合忠等，2018）。

中早熟棉花品种全生育期需要≥10℃的活动积温 3800℃以上，需光照 1540 h以上，采用中早熟春棉品种于 4 月底 5 月初播种，虽然比常规栽培推迟播种 10～15 d，生长季节减少了 10～15 d，但通过适当提高种植密度，减少单株果枝数，完全可以弥补晚播的损失。进一步分析发现，适当晚播、合理密植可带来一系列有利效应：一是由于晚播，气温和地温已明显升高，病害较轻，不仅比较容易实现一播全苗和壮苗，还可以减免地膜的使用，避免残膜污染；二是由于播种期推迟，现蕾、开花时间相应推迟，结铃盛期与该区的最佳结铃期可以更好地吻合，伏桃和早秋桃比例加大，伏前桃大大减少，烂铃自然减少；三是由于密度加大，在化学调控措施的保证下，虽然单株结铃数有所减少，但单位面积的总铃数显著增加；四是棉花晚播密植，使棉花自始至终处在一个相对有利的光温条件下生长发育，完成产量和品质的建成过程，为棉花优质高产创造了有利条件，容易实现高产优质；五是合理密植加化学调控有效控制了叶枝的生长发育，免整枝，节约了用工，不失为一熟制棉花有效的高产简化栽培技术（董建军等，2016，2017）。根据试验、示范结果，并参考生产经验，制定黄河流域棉区免整枝栽培技术如下。

一是品种选择。由于种植密度较大，在栽培上宜选用株型较为紧凑、叶枝弱、赘芽少的棉花品种，当前常规抗虫棉品种可选用中早熟类型'鲁棉研 37 号''K836'等。

二是适期晚播。为使棉花结铃期与山东棉区的最佳结铃期相吻合，并适当控制伏前桃的数量，减少烂铃，播种要适当拖后 10～15 d。春棉品种于 4 月 25 日至 5 月 5 日播种，最晚不超过 5 月 10 日。仍然可以覆膜栽培，但要特别注意及时放苗，高温烧苗。

三是合理密植，等行距种植。根据试验和示范情况，等行距、南北行向种植有利于控制叶枝生长发育。种植密度以 7.5 万～9 万株/hm² 较宜，过低，起不到控制叶枝生长发育的效果，过高，则给管理带来很大困难。在 7.5 万～9 万株/hm² 的种植密度下，控制株高 100 cm 以下，以小个体组成的合理大群体夺取高产。

四是免整枝。不去叶枝，通过合理密植和化控抑制叶枝生长发育，7 月 20 日以前人工打主茎顶或者化学封顶，以后不再整枝。

五是科学化控。该项技术由于种植密度加大，棉田管理特别是化学调控技术的难度也相应增加，在使用缩节安调控时要严格控制株高，这是该技术成功的关键。缩节安的应用要坚持"少量多次、前轻后重"的原则，自4～5叶期开始化学调控，根据天气和长势，每7～10 d化控一次，棉花最终株高90～100 cm。

六是水肥调控相配合。减少基肥投入和氮肥投入，或者一次性基施控释期为90 d左右的控释氮肥；适当减少灌水量，采用部分根区灌溉或亏缺灌溉。

总之，在黄河流域棉区免整枝栽培技术是指把播种期由4月中下旬推迟到5月初，把种植密度提高到7.5万～9万株/hm²，通过适当晚播控制烂铃和早衰，通过合理密植和化学调控，抑制叶枝生长发育，进而减免人工整枝。这一栽培模式由于减免了人工整枝，节省用工30个/hm²左右；通过协调库源关系，延缓了棉花早衰，一般可增产5%～10%，节本增产明显，具有重要的推广价值（董合忠等，2017；董建军等，2016）。对于西北内陆棉区，由于采用的种植密度更高，叶枝的生长更弱，免整枝技术已经基本普及。要重点注意的是，采用化控技术时，宜在现有基础上增加次数、减少用量，并与水肥调控结合，最终控制棉花株高达到70～85 cm为宜。对于两熟制棉田的直播早熟棉，也要在合理密植的基础上加强化控，控制株高80～90 cm，实现免整枝。

4.1.4 棉花化学封顶和自然封顶的机理与技术

棉花具有无限生长的习性，顶端优势明显。打顶是控制株高和后期无效果枝生长的一项有效措施。研究和生产实践证明，通过摘除顶心，可改善群体光照条件，调节植株体内养分分配方向，控制顶端生长优势，使养分向果枝方向输送，增加中下部内围铃的铃重，增加霜前花量。我国几乎所有的植棉区都毫无例外地采取打顶措施，因为不打顶或者打顶过早过晚都会引起减产。基于打顶的必要性，探索化学封顶等人工打顶替代技术是棉花轻简化栽培技术的重要内容。棉花打顶技术有人工打顶、化学封顶和机械打顶3种。机械打顶和人工打顶的原理一样，按照"时到不等枝，枝到看长势"的原则，在达到预定果枝数时（黄河流域于7月20日前、西北内陆于7月10日前、直播早熟棉于7月25日前）通过手工或机械去掉主茎顶芽，破坏顶端生长优势；化学封顶是利用化学药品强制延缓或抑制棉花顶尖的生长，控制其无限生长习性，从而达到类似人工打顶调节营养生长与生殖生长的目的。自然封顶则是合理运筹水肥与植物生长调节剂化学调控相结合，调控株型和顶端生长，实现自然封顶的技术。由于机械打顶对棉花损伤大，目前各棉区仍以人工打顶为主，但开始运用化学封顶和自然封顶技术。人工打顶掐掉顶芽及部分幼嫩叶片，费工费时，劳动效率低，是制约棉花轻简化生产和机械化作业的重要环节。因此，探索化学封顶，特别是综合调控下的自然封顶原理和技术十分必要。

1. 棉花化学封顶的机理

于 2015～2016 年设置人工打顶、化学打顶和未打顶 3 种处理。化学打顶剂（缩节安）为人工喷施，用量为 1.125 L/hm^2。打顶处理后采用酶联免疫吸附测定法（ELISA）定期测定棉花功能叶生长素（IAA）、赤霉素（GA）、脱落酸（ABA）和玉米素核苷（ZR）含量，采用同位素标记相对和绝对定量（isobaric tag for relative and absolute quantification，iTRAQ）技术对人工打顶和化学打顶处理打顶后 20 d 的主茎功能叶进行差异蛋白质组学分析（侯晓梦等，2017）。结果表明，与人工打顶处理相比，化学打顶处理的株高高于人工打顶处理，两年试验中分别高 11.8% 和 14.5%，但低于未打顶处理，两年分别低 6.0% 和 6.5%，喷施化学打顶剂有效抑制了棉花株高的增长。不同打顶处理对棉花功能叶 GA$_3$ 含量影响较大，打顶后 GA$_3$ 含量变化为单峰曲线，处理 30 d 各处理之间差异达到显著水平，GA$_3$ 含量为未打顶>化学打顶>人工打顶，30 d 后化学打顶与未打顶处理呈下降趋势，人工打顶处理则在 20 d 时出现下降趋势，在处理后 50 d 各处理 GA$_3$ 含量无显著差异。2016 年 IAA 含量峰值出现在处理后 40 d，化学打顶处理峰值显著低于其他两个处理，2015 年 3 种打顶处理间无显著差异。ABA 含量在处理后 40 d 时达到最大值，未打顶处理峰值显著低于其他两个处理。3 种打顶处理的 ZR 含量无显著差异。化学打顶与人工打顶处理相比，iTRAQ 标记方法在功能叶中检测到 69 个差异表达基因，29 个上调表达，40 个下调表达，其中碳水化合物和能量代谢相关的基因多下调表达，而与 GA$_3$ 调节正相关的蛋白质多上调表达，增强 GA$_3$ 效应。由此可见，化学打顶对棉花功能叶 GA$_3$ 含量影响较大，化学打顶处理 GA$_3$ 含量显著高于人工打顶处理，植物生长发育相关蛋白多下调表达，可能是植株通过减少碳水化合物合成，减少能量代谢，增加 GA$_3$ 含量，激活 GA$_3$ 效应来实现对株高的控制（侯晓梦等，2017）。

根据在新疆、山东等地的研究，棉花化学封顶能显著抑制冠层上、中部果枝长度，延缓横向生长，使株型更紧凑，果枝数、单株结铃数及产量增加，且纤维品质不受影响。化学封顶棉花冠层上部透光率大，中、下部光吸收率较高，冠层光分布均匀，保证了较高群体光合能力及较长光合功能持续期。化学封顶棉花株型紧凑且叶片变小，收获前喷施脱叶剂后棉株挂枝叶率显著减少，降低了机采籽棉含杂率。另外，棉花化学封顶的效应与水分和肥料供应关系密切，搞好水肥运筹也是提高化学封顶效果的重要措施（徐守振等，2017）。

2. 化学封顶和自然封顶技术

就目前各地开展的化学封顶试验效果而言，多数试验证实化学封顶可以基本达到人工封顶的效果，棉花产量与人工打顶相当或略有减产，也有比人工打顶显著增产或显著减产的情况。这主要是因为化学封顶还受品种、施肥和灌溉等因素的影响。探明这些因子的效应对于提高化学封顶效果，实现自然封顶十分重要。

化学封顶的效果受灌水量的影响。灌水量和缩节安（DPC）剂量对铃数、产量和产量器官干物质质量比等存在互作。在新疆北部，以人工打顶作为对照，选用氟节胺复配型和缩节安复配型两种打顶剂，于喷施打顶剂后的两次灌水分别设置高灌水量（常规灌水量）、中灌水量（85%常规灌水量）和低灌水量（70%常规灌水量）3 种不同灌水量，研究了不同灌水量对化学封顶棉花冠层特征、物质积累与分配及产量的影响（徐守振等，2017）。结果表明，低灌水量与低剂量化控药剂配合主要依靠较高的群体生物量获得相对较高的产量；高灌水量下高剂量化控药剂处理主要依靠较高的产量器官干物质质量比获得相对较高的产量；中灌水量处理下，化学封顶棉花群体叶面积指数（leaf area index，LAI）高且持续期长，增加了光合面积，冠层开度适宜，光分布合理，冠层不遮蔽，有利于提高光能利用率，干物质积累量较大且提高了物质向上部生殖器官的分配比例。不仅如此，中灌水量相对于高灌水量的灌溉成本降低，而比低灌水量处理的籽棉产量显著提高。说明灌水量和化控药剂互相配合以保障营养生长和生殖生长协调是化学封顶技术成功的关键。

化学封顶的效果也受施氮量的影响。在新疆石河子开展了施氮量（150 kg/hm^2、300 kg/hm^2、450 kg/hm^2）和 DPC 剂量（450 ml/hm^2、750 ml/hm^2、1050 ml/hm^2）对棉花封顶效果及产量影响的田间试验研究（韩焕勇等，2017），结果表明，低氮量下营养生长较弱，棉田群体 LAI 较小，群体光合速率（CAP）较低，形成的干物质较少，此时采用低剂量 DPC 化学封顶，有利于提高 LAI 和 CAP，最终依靠较大的干物质质量获得比中、高剂量 DPC 和对照都高的产量。中氮量下中剂量 DPC 的产量是所有处理中最高的，其籽棉产量较中氮量下的低、高剂量 DPC 分别提高了 15.8%和 9.8%，较对照也提高了 5.8%，还比低、高氮量下的各处理和对照也显著提高（高氮量下高剂量 DPC 处理组合除外）。虽然该处理的 LAI 和 CAP 不是最高，地上部干物质质量与中氮量下其他处理及高氮量下各处理相比差异也不显著，但其光合同化产物向产量器官的分配较多，尤其是在吐絮期，这是该处理产量较高的原因。高氮量下群体营养生长过旺，需要应用高剂量 DPC 化学封顶才能依靠较高的生殖器官干物质质量避免减产。总之棉花生产中需要根据地力和氮肥用量确定适宜的 DPC 剂量化学封顶。如果地力低、氮肥用量少，需降低 DPC 剂量；地力中等以上、氮肥用量适中，需要加大 DPC 用量，不建议棉田投入过多氮肥，这不仅会降低肥料的边际收益，而且容易导致营养生长和生殖生长失调，降低化学封顶的效果和加大棉田管理难度。

当前国内外使用最多的植物生长调节剂是缩节安和氟节胺，也可以两者配合或混配使用。缩节安在我国棉花生产中作为生长延缓剂和化控栽培的关键药剂已经应用了 30 多年，人们对其也比较熟悉。在前期缩节安化控的基础上，棉花正常打顶后 5～10 d（达到预定果枝数后 5～10 d），用缩节安 75～120 g/hm^2 叶面喷施，可有效控制棉花主茎生长，降低株高，减少中上部果枝蕾花铃的脱落，提高座铃率，加快铃的生长发育（代建龙等，2019）。

氟节胺（N-乙基-N-2′,6′-二硝基-4-三氟甲基苯胺）为接触兼局部内吸性植物生长延缓剂，其作用机制是通过控制棉花顶尖幼嫩部分的细胞分裂，并抑制细胞伸长，使棉花自动封顶。25%氟节胺悬浮剂用药量为 150～300 g/hm^2，在棉花正常打顶前 5 d 首次喷雾处理，直喷顶心，间隔 20 d 进行第二次施药，顶心和边心都施药，以顶心为主，可有效控制棉花主茎和侧枝生长，降低株高，减少中上部果枝蕾花铃的脱落，提高座铃率，加快铃的生长发育（代建龙等，2019）。

氟节胺和缩节安用量要视棉花长势、天气状况酌情增减施药量。从大量生产实践来看，缩节安比氟节胺更安全一些，而且两者混配使用可以达到更好的效果。用无人机喷施植物生长调节剂化学封顶较传统药械喷药省工、节本、高效，封顶效果较好，值得提倡。需要注意的是，研究和实践皆表明，化学封顶是一个人为调控下的自然封顶过程，受环境条件和栽培措施的影响，因此必须要在正常化控的基础上，把化学封顶与合理运筹肥水（减施基肥、增加追肥；减施氮肥、平衡施肥；节水灌溉、灌溉终日适当提前等）有机结合起来，实现自然封顶才能取得理想效果。

4.2　部分根区灌溉提高水分利用率的机理与膜下分区交替滴灌技术

淡水资源缺乏是我国主要产棉区，特别是西北内陆棉区棉花持续发展的重要限制因素。在产量不减、品质不降的前提下通过改进灌溉技术提高灌溉水利用率，是节约用水、保障该区棉花生产持续发展的根本技术途径（Zhang et al.，2016）。部分根区灌溉是通过一定措施，诱导根区土壤水分不均匀分布，利用处于干旱区域的根系因渗透胁迫而产生根源信号，调节叶片气孔导度，在减少作物蒸腾耗水的同时保证光合作用正常进行，实现节水不减产的技术措施。隔沟灌溉是实现部分根区灌溉的常用技术之一，在生产实践中，为了保证干旱区根系的正常发育，通常采用隔沟交替灌溉，既实现了部分根区灌溉，也保证了整个根系的正常发育。本项目关注的问题是，部分根区灌溉是否还有其他甚至是更重要的节水机理？如何在膜下滴灌条件下实现分区交替滴灌？

4.2.1　部分根区灌溉提高水分利用率的机理

利用嫁接分根系统结合 PEG6000 胁迫可以在室内准确模拟部分根区灌溉。具体做法是，将嫁接分根系统的两侧根系分别放入两个独立的容器中，一侧加入正常营养液，另一侧加入20%的PEG6000模拟干旱，作为部分根区灌溉处理；两侧同时加入10% PEG6000的处理作为常规亏缺灌溉（干旱）；两侧均加入正常营养液的处理作为饱和灌溉的对照。研究发现，传统亏缺灌溉显著降低了棉株吸水量，部分根区灌溉棉株吸水量与对照基本相当，其中灌水区吸水量占整株吸水量的82.6%。这表明，部分根区灌溉条件下灌水侧根系的吸水能力显著增强。

进一步研究发现，部分根区灌溉可显著提高叶片中茉莉酸（JA）合成酶基因 *GhOPR11*、*GhAOS6*、*GhLOX3* 的表达量，叶片中 JA 含量也显著升高；意想不到的是，灌水区根系并没有受到干旱胁迫，但该侧根系中 JA 含量却显著增加，而该侧根系 JA 合成酶基因 *GhOPR11*、*GhAOS6*、*GhLOX3* 的表达量并未显著变化，据此推测，灌水区根系中 JA 含量升高可能是叶源 JA 向下运输所致。为此，通过叶片喷施外源 JA、灌水区下胚轴韧皮部环割、病毒介导的基因沉默（VIGS）诱导叶片中 JA 合成酶基因 *GhOPR11*、*GhAOS6*、*GhLOX3* 表达降低 3 种途径对这一推测进行了验证。结果表明，叶片喷施外源 JA 可使叶片中 JA 含量升高，灌水区根系中 JA 含量随之升高。灌水区下胚轴韧皮部环割使叶片中 JA 含量升高，而灌水区根系中 JA 含量显著降低。VIGS 诱导叶片中 JA 合成酶基因 *GhOPR11*、*GhAOS6*、*GhLOX3* 表达量降低（30%~60%）后，叶片中 JA 含量显著降低；检测灌水区根系中 JA 合成酶基因 *GhOPR11*、*GhAOS6*、*GhLOX3* 的表达量没有受到影响，但灌水区根系中 JA 含量显著降低。这些结果表明，部分根区灌溉可上调叶片中 JA 合成酶基因 *GhOPR11*、*GhAOS6*、*GhLOX3* 的表达量，并使叶片中 JA 含量升高；叶片中 JA 经韧皮部运输到灌水区根系，增加了灌水区根系 JA 含量（Luo et al.，2019）。

灌水区根系 JA 含量与棉花水通道蛋白基因（*GhPIP*）表达及水力导度（*L*）密切相关。因此，JA 参与了灌水区根系吸水的调控。通过向灌水区根系中加入外源供体 JA，灌水区根系 JA 的含量升高可促进 *RBOHC* 基因表达，增加了该侧根系中 H_2O_2 的含量。通过向灌水区根系加入外源供体 H_2O_2 和抑制剂 DPI 发现，H_2O_2 可通过上调根系中 *PIP* 基因的表达量来直接提高根系中 PIP 含量，H_2O_2 还可促进 *NCED* 基因表达、抑制 *CYP707A* 基因表达，增加了根系中 ABA 含量。通过向灌水区根系加入外源 ABA 及其抑制剂氟啶酮（fluridone），发现 ABA 虽然不能调控水通道蛋白基因（*PIP*）的表达量，但可以显著提高灌水侧根系水力导度，因此 ABA 可能是在转录后水平通过增强 PIP 的活性，从而增加了灌水侧根系水力导度，提高了棉花水分利用率（图4-3）。

叶源茉莉酸（JA）作为长距离信号增强灌水侧根系吸水能力这一规律的发现，连同前人关于干旱侧根系产生 ABA 信号调控叶片气孔开关减少水分蒸腾耗散的机制，全面解析了部分根区灌溉的节水机理，为部分根区灌溉，特别是膜下分区交替滴灌提供了充足的理论依据。

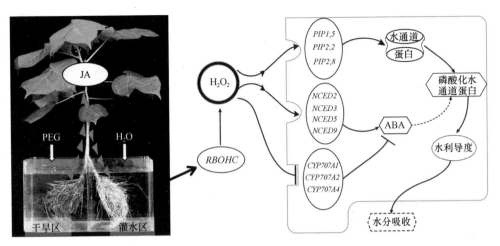

模拟部分根区灌溉　　　　　　　　部分根区灌溉提高水分利用率的机理

图 4-3　部分根区灌溉促进灌水区根系吸水的机理

4.2.2　基于部分根区灌溉的膜下分区交替滴灌技术

1. 通过增加滴灌带实现膜下分区交替滴灌

在旱区采用 66 cm+10 cm 方式种植棉花，1 膜 6 行 5 带；滴灌带铺设在小行和大行中间，共 5 个滴灌带，设置 3 个灌水处理：一是常规滴灌，每行两侧同时浇水，总量为 3900 m³/hm²；二是亏缺滴灌（DI），每行两侧同时浇水，灌水量减至 3300 m³/hm²；三是分区交替滴灌，只在每个小行或大行灌水，大小行内的滴灌带交替使用，实现隔行交替滴灌（即分区交替滴灌），灌水总量为 3300 m³/hm²。结果显示，棉花生物产量和籽棉产量受到不同灌溉方式的显著影响（表 4-3）。与传统灌溉相比，亏缺滴灌的生物产量下降了 13.4%，籽棉产量随之降低了 11.6%；尽管分区交替滴灌的生物产量比常规滴灌降低了 5.9%，但经济系数提高了 6.0%，籽棉产量与常规滴灌相当，比亏缺滴灌增产 12.5%（表 4-3）。基于部分根区灌溉的膜下分区交替滴灌的水分生产率比常规滴灌和亏缺滴灌分别提高了 21.8% 和 15.9%（董合忠等，2018）。

表 4-3　不同灌溉方式对棉花产量和水分生产率的影响（2014～2015 年，新疆石河子）

灌溉方式	灌水量（m³/hm²）	生物产量（kg/hm²）	籽棉产量（kg/hm²）	经济系数	水分生产率（kg/m³）
常规滴灌	3 900	15 273a	5 902a	0.386c	1.97 c
亏缺滴灌	3 300	13 234c	5 218b	0.394b	2.07b
分区交替滴灌	3 300	14 368b	5 868a	0.409a	2.40a

注：同列数据标注不同字母者表示差异显著（$P<0.05$）

增加滴灌带虽然实现了膜下分区交替滴灌,收到了节水不减产的效果,但是与常规膜下滴灌(1膜6行2带)相比,每6行棉花增加了3条滴灌带,实际上并不合算。如何在不增加或基本不增加滴灌带的前提下实现膜下分区交替滴灌呢?

2. 通过亏缺滴灌与常规滴灌依次交替实现分区交替滴灌

2015~2016年在西部干旱地区大田开展了不同灌溉方式试验。采用1膜6行3带,滴灌带位于小行内。设3种灌溉方式:常规滴灌(NI,灌水量为4000 m^3/hm^2,滴灌6次)、亏缺滴灌(DI,为常规灌水量的80%,3200 m^3/hm^2,滴灌6次)和基于部分根区灌溉的分区交替滴灌(PRI,为常规灌水量的80%,3200 m^3/hm^2,滴灌10次,采取亏缺滴灌与常规滴灌交替进行、灌水量适当向棉花需水高峰期集中的灌溉方案)。收获密度为15万株/hm^2。可以看出,分区交替滴灌在节水20%时,籽棉产量与常规滴灌基本相当,比亏缺滴灌增产6.1%,水分生产率显著提高,而籽棉产量的提高主要是经济系数提高所致(表4-4)。通过亏缺滴灌与常规滴灌依次交替实现分区交替滴灌收到了与表4-3所示的相同效果,说明这种方式是完全可行的。

表4-4 不同灌溉方式对棉花干物质分配和水分生产率的影响(2015~2016年,新疆奎屯市)

灌溉方式	灌水量(m^3/hm^2)	生物产量(kg/hm^2)	收获指数	籽棉产量(kg/hm^2)	早熟性(%)	水分生产率(g/kg)
常规滴灌	4 000	14 155a	0.368c	5 209a	0.57b	1.31c
亏缺滴灌	3 200	12 017c	0.404a	4 855b	0.63a	1.52b
分区交替滴灌	3 200	13 276b	0.388b	5 151a	0.61a	1.61a

注:同列数据标注不同字母者表示差异显著($P<0.05$)。早熟性是指采用三次收花时前两次收花所占的质量比

对停水后2 d(7月17日)至下次灌水前(7月29日)不同灌溉方式棉花叶片中ABA和IAA含量的变化进行了测定。分区交替滴灌和亏缺滴灌叶片中ABA含量均显著高于常规滴灌,而IAA含量均显著低于常规滴灌。其中,7月18日、7月23日和7月28日分区交替滴灌叶片中ABA含量分别是常规滴灌的1.6倍、1.5倍和1.7倍(图4-4a),分区交替滴灌叶片中IAA含量分别比常规滴灌降低了20.9%、20.2%和23.0%(图4-4b)(罗振等,2019)(图版7)。

大田研究进一步发现,分区交替滴灌显著提高了棉花叶片中ABA的含量,并显著降低了IAA的含量,促进同化物向生殖器官分配,提高了收获指数,这是部分根区交替灌溉不减产的重要原因。从产量构成的角度分析,在分区交替滴灌条件下,显著提高了单位面积铃数,铃重不减,经济产量增加8.3%。亏缺滴灌显著降低了光合速率,分区交替滴灌的光合速率与常规滴灌相当。部分根区灌溉灌水区根系JA含量升高诱导根系中 *PIP* 基因表达量上调,增加了根系吸水能力,

维持了地上部水分平衡，进而维持了较高的光合速率，叶源 JA 作为信号分子促进了灌水侧根系吸水，这是部分根区灌溉减少灌水量但不减产的重要机制。因此，在西部干旱地区，通过增加灌水次数并减少每次的灌水量，同时亏缺滴灌与常规滴灌交替实行分区交替滴灌，实现了产量不减、节水 30%、霜前花率提高了 22.5%、水分生产率提高了 49.3%的显著成效（罗振等，2019）。

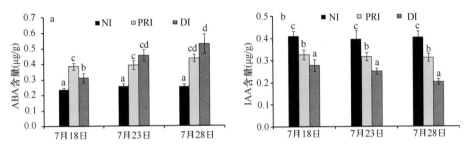

图 4-4　不同灌溉方式对棉花叶片中 ABA 和 IAA 含量的影响

图中 NI、PRI 和 DI 分别表示常规滴灌、分区交替滴灌和亏缺滴灌；
条柱上方标注不同字母者表示差异显著（$P<0.05$）

4.2.3　膜下分区交替滴灌技术及其示范结果

传统部分根区滴灌是定位灌溉特定根区，极易导致灌水少的区域（干旱区）根系发育不良，这在沟灌试验和我们以前的试验研究中得到了证实；而在 1 膜 6 行条件下的大小行内皆布滴灌带，则要显著增加滴灌带的投入。为此，对传统部分根区滴灌方案进行了优化，并在新疆奎屯市开展了 3 年的示范。设置常规滴灌：1 膜 6 行 3 带，灌水量 4200 m^3/hm^2，灌水 6 次，每次灌水量为 700 m^3/hm^2；亏缺滴灌：1 膜 6 行 3 带，灌水量减少 30%左右，为 3000 m^3/hm^2，灌水 6 次，每次 500 m^3/hm^2；部分根区滴灌：1 膜 6 行 3 带，总灌水量比常规滴灌减少 30%（3000 m^3/hm^2），次数由 6 次改为 10 次，每次滴灌量为 300 m^3/hm^2；膜下分区交替滴灌：1 膜 6 行 3 带，总灌水量比常规滴灌减少 30%（3000 m^3/hm^2），低量灌溉（300 m^3/hm^2）和大量灌溉（700 m^3/hm^2）各 3 次，且低量灌溉和大量灌溉依次交替。收获密度皆为 15 万株/hm^2 左右。每个处理面积 5 亩，不设重复。三年的示范结果表明，虽然部分根区滴灌在节水 30%左右时，籽棉产量比亏缺滴灌略有增产，但比常规滴灌减产 4.9%；膜下分区交替滴灌比部分根区滴灌略有增产（5.8%），但与常规滴灌产量相当，水分生产率显著提高。膜下分区交替滴灌节水 30%、产量不减、水分生产率提高了 41%，达到了预期效果（表 4-5）。

总之，膜下分区交替滴灌的技术要点：一是因地制宜，调整种植方式和滴灌带布局，由传统的 1 膜 6 行 2 带改为 1 膜 6 行 3 带或 1 膜 3 行 3 带，1 膜 6 行 3 带适宜把滴灌带放置在小行内；二是灌水量比传统滴灌技术减少 20%～30%，三是每次常规滴灌改为亏缺（低量）滴灌与常规（大量）滴灌交替，灌水量适当向开花结铃期集中，实现了膜下滴灌条件下的分区交替滴灌。该技术比常规滴灌节水 20%～30%，水分生产率提高 40% 以上，丰产稳产（图版 7）。

表 4-5　膜下分区交替滴灌对棉花产量和水分生产率的影响（2016～2018 年，新疆奎屯市）

处理	灌水量（m³/hm²）	籽棉产量（kg/hm²）	水分生产率（g/kg）	生物产量（kg/hm²）	收获指数
常规滴灌	4 200	5 425a	1.29c	14 583a	0.372b
亏缺滴灌	3 000	4 858c	1.62c	11 907c	0.408a
部分根区滴灌	3 000	5 157b	1.72bc	12 733b	0.405a
膜下分区交替滴灌	3 000	5 456a	1.82a	13 340ab	0.409a

注：同列数值标注不同字母表示差异显著（$P<0.05$）

4.3　棉花轻简高效施肥的理论与技术

我国传统植棉要求分次施肥，除播种前施基肥外，还包括追施苗期肥、蕾期肥、初花肥和盖顶肥等；进入棉花生长发育后期，还要求多次叶面喷肥。分次施肥虽然能够较好地满足棉花生长发育的需要，但费工费时，而且生育期间追肥若操作不好，还极易引起烧苗和肥害，造成产量损失。因此，改革施肥方式方法，提高肥料利用率，极具实践意义。

4.3.1　棉花的氮素营养规律

围绕轻简施肥开展的 ^{15}N 示踪试验表明（Yang et al.，2013），棉株累积的氮素量，随施氮量增加而增加，随生育进程而增加；累积速率随施氮量增加而加快，开花期最快，开花以前和吐絮以后均较慢，符合 Logistic 函数。花铃期累积的氮素占总量的 67%，并随施氮量增加而上升；而累积的肥料氮素占总肥料氮素的 79%，而且与施氮量关系不大。但棉株对氮的吸收速率，随施氮量增加而加快。棉株体内积累的氮素以肥料氮素为主，占 75%，随施氮量增加而上升。肥料氮在不同器官中所占比例随施氮量增加而增加，但生殖器官最高，其次是营养枝，赘芽最低。这说明通常情况下肥料氮对棉花生长发育十分重要，施肥特别是施用氮肥对棉花高产优质是十分必要的。

对棉花对不同时期施入氮肥利用动态的研究表明（Yang et al.，2012），棉株对基肥氮的吸收主要在苗期和蕾期，且基肥氮在棉株中所占比例以苗期最高（65%），随生育进程而稀释，吐絮期仅占 18%。棉株对初花肥氮的吸收主要在开花期（93%），而且首先在果枝叶（占 32.4%）和蕾铃（占 29.4%）中累积，然后转移至以蕾铃为中心（占 69.8%），但随氮量增加在蕾花铃中比例大幅下降，而在营养枝中比例大幅上升。初花肥氮在棉株中所占比例,开花期为 49%、吐絮期为 35%。棉株对盛花肥氮的吸收利用率约为 56%,其中 98%在结铃期吸收,盛花肥中氮主要在蕾铃(占 54.1%)累积,随后其他器官累积盛花肥的氮进一步向蕾铃(占 70.4%)转移,但随施氮量增加营养枝和赘芽中的比例上升,盛花肥氮在棉株中所占比例保持在 23%,随施氮量增加而增加。棉株对肥料氮的吸收率平均为 59%,随施氮量增加而提高,其中对初花肥氮的吸收率最高(69.6%),对基肥氮的吸收率最低(48%)。肥料氮的土壤留存率平均为 12%,随施氮量增加而下降,其中基肥中量施氮处理的比例最高(17.2%),盛花肥最低(8.2%)。肥料氮素损失率平均为 29%,其中基肥和盛花肥损失率分别为 34.6%和 36.1%,高于初花肥的 19%,中量施氮处理损失率(34%)高于其他施氮量处理。

不同生态类型棉对肥料氮素吸收的基本规律相同,吸收高峰皆出现在花铃期,但是吸收高峰出现早晚和持续期长短不同。长江流域春棉对肥料氮吸收最快的时期在出苗后 70～115 d(初花到结铃盛期),黄河流域和西北内陆春棉对肥料氮吸收最快的时期在出苗后 60～100 d(初花到结铃盛期),黄河流域和长江流域接茬直播早熟棉对肥料氮的吸收高峰期在出苗后 50～90 d(盛蕾到结铃盛期)。棉株吸收的肥料氮分配给蕾铃和果枝叶的比例为 70%以上,随花铃期氮肥比例的增加而进一步提高;而吸收的土壤氮分配给蕾铃和果枝叶的比例只有 65%左右,不受肥料氮施用时间的影响。棉株对肥料氮的吸收率、肥料氮在土壤中的残留率均随氮肥后移而增加,肥料氮损失率却随氮肥后移而下降。合理密植能够提高氮肥利用率,表现出一定的以密代氮的作用(董合忠等,2018)。由此可见,无论哪个棉区、哪种棉花品种类型,减施基肥氮、增加初花肥氮,满足棉花需肥高峰期对氮肥的需求,都是提高肥料利用率的根本途径。

4.3.2　控释氮肥的养分释放与棉花养分吸收规律

采用释放期为 120 d 的树脂包膜尿素(含 N 43%,包膜率 4%)418 kg/hm²(纯 N 180 kg/hm²),连同 P$_2$O$_5$(来自过磷酸钙,含 16% P$_2$O$_5$)150 kg/hm²、K$_2$O(来自 KCl,含 60% K$_2$O)210 kg/hm²,播种前一次深施。测定发现,控释氮肥养分释放高峰在花铃期,而棉花对氮素的吸收高峰期也基本在花铃期;控释氮肥养分释放量在使用后 110 d 以前一直略大于棉花植株的养分吸收,说明控释氮肥养分释放可以实现与棉花养分吸收基本同步或略早于养分吸收,加之土壤养分的供应,能够满足生育期内棉花对氮素的需求,进而达到与分次追施速效肥基本相当的效果(董合忠等,2018)。

总体来看,控释氮肥在苗期释放量小,而在棉花需肥高峰期达到释放高峰,使土层中速效氮含量达到高峰值,即养分释放高峰、根区养分含量高峰与棉花养分吸收高峰处于同一时段,因此正常情况下控释肥既满足了养分需求,充分利用了土壤中的氮素,又减少了氮肥流失,在一定程度上提高了氮肥利用率。但是,也发现大田条件下包膜控释尿素等控释肥养分释放受土壤温度、墒情及理化性状等因素的影响,使得控释肥的养分释放与棉花营养吸收有时不能完全匹配,这可能是使用控释肥有时减产的原因。根据我们的实践,解决这一问题的途径有两条:一是通过改进包膜材料和加工工艺,研制养分释放与棉花吸收同步性好且受外界条件影响小的新型棉花专用缓/控释肥;二是根据地力水平、产量目标和品种特点,通过添加一定数量的速效肥,制成专用缓控释掺混肥,既能较好地解决这一问题,又能降低纯用控释肥的成本,不失为当前条件下的一种有效选择。

总之,花铃期累积的氮占总量的 67%,其中累积的肥料氮占总肥料氮的 79%;棉花对基肥氮吸收的比例最小、对初花肥氮利用率最高;减施基肥氮、增施初花肥氮满足需肥高峰期棉花对氮的营养需要,可以显著提高棉花经济系数和氮肥利用率,一次基施缓控释氮肥也可以达到基本相同的效果,肥料利用率比传统施肥提高了 14%~30%。棉花的氮素营养规律为科学施肥、轻简施肥提供了理论依据,根据棉花需肥规律科学施肥、合理施肥,特别是速效肥和控释肥配合使用,不仅能够减少施肥次数,提高肥料利用率,还能控制营养枝和赘芽的发育,协调营养生长和生殖生长的关系,促进棉花产量和品质的形成(董合忠等,2018)。

4.3.3 棉花轻简高效(一次性)施肥技术

施肥是棉花高产优质栽培的重要一环,用最低的施肥量、最少的施肥次数获得理想的棉花产量是棉花施肥的目标。要实现这一目标,必须尽可能地提高肥料利用率,特别是氮肥利用率。棉花生育期长、需肥量大,采用传统速效肥料一次施下,会造成肥料利用率低;多次施肥虽然可以提高肥料利用率,但费工费时。改多次施肥为一次施肥是棉花施肥方式的重大转变。

一次性施肥是棉花轻简高效运筹肥料的重要方式,可分为一次性基施控释复混肥和一次性追施速效肥。前者采用控释复混肥,在播种前或播种时将肥料一次性施入,以后不再追肥;后者是不施基或仅用一定量的种肥,前期也不追肥,在盛蕾或初花期一次性追施速效肥。这两种一次性施肥的方法各有利弊、各有条件要求,要因地制宜,特别是要与肥料种类、种植方式和种植制度相配合。肥料一次性基施要求采用控释肥或者控释肥与速效肥结合,适合春棉;一次性追施更适合晚播的早熟棉和短季棉(董合忠等,2018)。

1. 施肥量

根据连续多年开展的氮肥和缓/控释肥施用联合试验,确定了 3 个主要产棉区轻简高效植棉的经济施肥量（表 4-6）。

表 4-6　不同棉区基于轻简植棉的经济施肥量　　（单位：kg/hm²）

棉区	高产田	中产田	低产田
黄河流域	约 225 (N：P₂O₅：K₂O=1：0.5：0.9)	约 195 (N：P₂O₅：K₂O=1：0.5：0.6)	约 180 (N：P₂O₅：K₂O=1：0.6：0.5)
长江流域	约 240 (N：P₂O₅：K₂O=1：0.6：1)	约 225 (N：P₂O₅：K₂O=1：0.6：0.8)	约 200 (N：P₂O₅：K₂O=1：0.6：0.7)
西北内陆	约 330 (N：P₂O₅：K₂O=1：0.6：0.3)	约 300 (N：P₂O₅：K₂O=1：0.6：0.2)	约 260 (N：P₂O₅：K₂O=1：0.6：0.05)

注：数据来源于三大棉区 4 年 96 点次试验并经生产实践修订

长江流域棉区传统最佳施氮量为 $250\sim280$ kg/hm²，平均为 260 kg/hm²，籽棉产量为 $3651\sim4476$ kg/hm²，平均为 4065 kg/hm²。结合生产实践和节本增效的要求，套种杂交棉经济施氮量以 $225\sim240$ kg/hm² 为好，油后或麦后早熟棉经济施氮量以 $180\sim210$ kg/hm² 为好，$N：P_2O_5：K_2O$ 的比例为 1：0.6：（0.6～0.8）为宜，适当使用硼肥。

黄河流域棉区传统最佳施氮量为 $225\sim260$ kg/hm²，平均为 230 kg/hm²，籽棉产量为 $3450\sim3885$ kg/hm²，平均为 3675 kg/hm²。结合生产实践和节本增效的要求，黄河流域棉区氮肥经济施用量以 210 kg/hm²（$180\sim225$ kg/hm²）为宜，其中籽棉产量目标为 $3000\sim3750$ kg/hm² 时，施氮量为 $180\sim210$ kg；籽棉产量目标为 3750 kg/hm² 以上时，施氮量为 $210\sim225$ kg hm²。前者 $N：P_2O_5：K_2O$ 的比例为 1：0.6（0.5～0.7）：0.6（0.5～0.7），后者 $N：P_2O_5：K_2O$ 的比例为 1：0.45（0.4～0.5）：0.9。需要注意的是，蒜后直播早熟棉的氮肥用量可以进一步减少至 150 kg/hm²。

西北内陆棉区传统最佳施氮量为 $293\sim359$ kg/hm²，平均为 350 kg/hm²，籽棉产量为 $4964\sim5618$ kg/hm²，平均为 5262 kg/hm²。结合生产实践和节本增效的要求，氮肥经济施用量为 $260\sim330$ kg/hm²，$N：P_2O_5：K_2O$ 的比例为 1：0.6：（0～0.2）。适当使用锌肥。

2. 速效肥一次性施用技术

根据生态条件、种植制度和实际需要，制定了各棉区速效肥的轻简高效施用方法和技术。

长江流域和黄河流域棉区传统棉花施肥次数最多 $8\sim10$ 次，分别是基肥、种肥、提苗肥、蕾期肥各 1 次，花铃肥 2 次，以及后期叶面喷肥 $2\sim4$ 次。我们的研究和实践发现，现有棉花施肥次数可以进一步减少，在长江流域常规 3 次施氮（基肥 30%，初花肥 40%，盛花肥 30%）的基础上，尽管氮量水平相差很大（150～600 kg/hm²），但各处理棉株（整个生长期）吸收的总氮中近 60% 是在出苗后 60～

80 d 吸收的，而且棉株对其中基肥吸收的比例最小，主要用于营养器官生长，对初花肥利用效率最高。因此氮肥后移（降低基肥比例、增加初花肥比例）有利于提高肥料利用率，而且在晚播高密度条件下，降低氮肥用量至 $150\sim225$ kg/hm^2，并且在见花期一次施用全部肥料通常对棉花产量影响不大，这一需肥规律的明确为简化施肥或一次性施肥提供了理论基础。本着减少施肥次数、提高肥料利用率的目标，长江流域和黄河流域棉区纯作或套种春棉，一般采取在施用一定数量基肥或种肥的基础上，初花期一次性追施，其中全部磷肥、钾肥（有时还有微量元素）和 $40\%\sim50\%$ 的氮肥作基肥施用，剩余的在初花期一次性追施；对于大蒜、油菜或小麦后的早熟棉或短季棉，在盛蕾期一次性追施速效肥即可。

3. 控释复混肥配方和施肥技术

控释肥省工、节本、增效的效果已经得到试验和实践肯定。各地开展的大量控释肥效应试验表明，与使用等量速效化肥相比，既有增产或平产的报道，也有减产的报道。本项目对棉花施用控释肥的研究表明，只要使用量和方法到位，使用等量或减少 $10\%\sim15\%$ 控释肥就能够达到与速效肥基本相同的产量结果，而且利用控释肥可以把施肥次数由传统的 $3\sim4$ 次降为 1 次，既简化了施肥，又避免了肥害，总体上比较合算。基于此，制定了棉花专用控释肥配方及一次性使用技术（董合忠等，2018）。

一般情况下，采用氮磷钾复合肥（含 N、P$_2$O$_5$、K$_2$O 各 $15\%\sim18\%$）750 kg/hm^2 和控释期 $90\sim120$ d 的树脂包膜尿素或硫包膜尿素 225 kg/hm^2 作基肥，以播种前在播种行下深施 10 cm 为最好，以后不再施肥。需要指出的是，采用专门生产的控释复合肥一次性施肥，在 2010 年与不施肥的处理产量相当，比速效肥减产（表 4-7），有些年份控释肥的养分释放与棉花吸收不匹配（同步）可能是出现这一现象的主要原因，值得重视。

表 4-7 不同施肥处理对籽棉产量的影响（$2008\sim2011$ 年，山东惠民县）（单位：kg/hm^2）

施肥处理	2008 年	2009 年	2010 年	2011 年	平均
不施肥	3467a	3453b	3347d	2979b	3312b
复合肥+速效氮肥 2 次	3562a	3698a	3782b	3702a	3686a
复合肥+速效氮肥 1 次	3551a	3627a	3761b	3693a	3658a
复合肥+控释氮肥	3483a	3731a	3941a	3785a	3735a
控释复合肥	3447a	3483b	3635c	3729a	3553a

注：试验为定位试验。"复合肥+速效氮肥 2 次"处理为氮磷钾复合肥（含 N、P$_2$O$_5$、K$_2$O 各 18%）750 kg/hm^2 作基肥，尿素（含 N 46%）初花追施 150 kg/hm^2、打顶后追施 75 kg/hm^2；"复合肥+速效氮肥 1 次"处理为氮磷钾复合肥（含 N、P$_2$O$_5$、K$_2$O 各 18%）750 kg/hm^2 作基肥，尿素（含 N 46%）开花后 5 d 追施 225 kg/hm^2；"复合肥+控释氮肥"为氮磷钾复合肥（含 N、P$_2$O$_5$、K$_2$O 各 18%）750 kg/hm^2 和控释期 120 d 的树脂包膜尿素 225 kg/hm^2 作基肥；控释复合肥为金正大生态工程集团股份有限公司生产的棉花控释专用肥（氮磷钾含量与上述处理相同）作肥一次性入。基肥施肥深度为 10 cm，追肥深度为 $5\sim8$ cm。同列数据标注不同小写字母表示差异显著（$P<0.05$）

根据种植制度和生态条件配置控释肥复混肥能取得更好的效果。为了解决速效肥施肥次数多、控释肥释放受环境条件影响而与棉花营养需求不匹配的问题，在大量试验和实践的基础上，研发出 4 个棉花专用配方。

1）适合黄河流域和长江流域棉区两熟制棉花专用控释氮肥配方：150 kg 树脂包膜尿素（42% N，控释期 120 d），150 kg 硫包膜尿素（34% N，控释期 90 d），300 kg 单氯复合肥（17% N、17% P_2O_5、17% K_2O），100 kg 二胺（18% N、46% P_2O_5），5 kg 硼砂，5 kg 硫酸锌。N：P_2O_5：K_2O 为 183：96：201。

2）适合黄河流域和长江流域棉区两熟制棉花专用控释氮钾肥配方：200 kg 树脂包膜尿素（42% N，控释期 120 d），150 kg 硫包膜尿素（34% N，控释期，90 d），150 kg 大颗粒尿素（46% N），200 kg 二胺（18% N、46% P_2O_5），100 kg 硫酸钾（50% K_2O），150 kg 包膜氯化钾（57% K_2O），50 kg 氯化钾（60% K_2O），5 kg 硼砂，5 kg 硫酸锌。N：P_2O_5：K_2O 为 240：92：157。

3）适合黄河流域和西北内陆棉区一熟制棉花专用控释氮肥配方：115 kg 树脂包膜尿素（42% N，控释期 90 d），200 kg 硫包膜尿素（34% N，控释期，90 d），270 kg 硫酸钾复合肥（16% N、16% P_2O_5、24% K_2O），180 kg 二胺（18% N、46% P_2O_5），225 kg 硫酸钾（50% K_2O），10 kg 硫酸锌。N：P_2O_5：K_2O 为 187：99：178。其中，在新疆使用时，可根据土壤含钾情况适当降低硫酸钾的比例。

4）适合黄河流域一熟制棉花专用控释氮钾肥配方：140 kg 树脂包膜尿素（42% N，控释期 90 d），150 kg 硫包膜尿素（34% N，控释期，90 d），150 kg 包膜氯化钾（57% K_2O），200 kg 硫酸钾复合肥（16% N、6% P_2O_5、24% K_2O），280 kg 二胺（18% N、46% P_2O_5），200 kg 硫酸钾（50% K_2O），150 kg 包膜氯化钾（57% K_2O），50 kg 氯化钾（60% K_2O），4 kg 硼砂，4 kg 硫酸锌。N：P_2O_5：K_2O 为 174：134：194。

使用缓控释掺混肥需要注意如下事项：如果缓控释养分仅为氮素时，缓控释氮素应占总氮量的 50%～70%，养分释放期为 60～120 d，总氮素用量可比常规用量减少 10%～20%，磷钾肥维持常规用量。在涝洼棉田或早衰比较严重的棉田，钾肥可选用包膜氯化钾和常规钾肥按 1：1 配合使用。为了减少用工，提高作业效率和肥料利用率，提倡采用"种肥同播"。要选择具备施肥功能的精量播种机，该播种机还应具有喷药、覆膜功能。大小行种植（大行行距 90～100 cm、小行行距 50～60 cm）时，在小行中间施肥；等行距 76 cm 种植时，在覆膜行间施肥。施肥行数与种行数按 1：1 配置，深度 10 cm 以下，肥料与相邻种子行的水平距离为 10 cm 左右。套种条件下一般采用育苗移栽的方式栽培棉花，难以实行种肥同播，可于棉花苗期（2～5 叶）采用相应的中耕施肥机械施肥，施肥深度为 10～15 cm，与播种行的横向距离为 5～10 cm。

4. 一次性施肥的保障措施

施肥量适度减少、肥料利用率提高以后，留在土壤中的肥料也相应减少，因此合理耕作对保障土壤肥力十分重要。实行棉花秸秆还田并结合秋冬深耕是改良培肥棉田地力的重要手段。棉花秸秆粉碎还田，应在棉花采摘完后及时进行，还田机械作业时应注意控制车速，过快则秸秆得不到充分的粉碎，导致秸秆过长；过慢则影响作业效率。一般以秸秆长度小于 5 cm 为宜，最长不超过 10 cm；留茬高度不大于 5 cm，但也不宜过低，以免刀片打土增加刀片磨损和机组动力消耗。

4.2.4 水肥协同高效管理的理论与技术

西北内陆棉区广泛采用膜下滴灌和水肥一体化技术，按照棉花生长发育和产量品质形成的需要，利用滴灌施肥装置，将按照棉花产量目标和土壤肥力状况设计的棉花专用水溶性肥料融入灌溉水中，随滴灌水定时、定量、定向供给棉花。该技术是节水和节肥技术的高度融合，实现了水肥一体化管理，不仅节省肥料，而且显著提高了肥料利用率（表 4-7）（Luo et al.，2018；白岩等，2017；Feng et al.，2017）。水肥融合技术有以下几个优点。

一是节水。水肥融合技术是在隔行滴灌节水技术的基础上发展起来的一体化技术，通常比一般的滴灌技术节水 20%以上，比传统地面灌溉节水 30%～50%。

二是省肥。根据我们多年多点的试验研究，传统施肥氮肥表观利用率为38.9%～46.0%，而水肥融合技术的氮肥表观利用率为 44.8%～61.7%。正是由于肥料利用率的提高，传统施肥在施氮量 240 kg/hm^2（减施 40%）时，比滴灌施肥施氮量 240 kg/hm^2 时减产 16.8%，而水肥融合技术下施肥量减少 40%（240 kg/hm^2）时，籽棉产量基本不减（表 4-8）。

表 4-8 不同施肥方式对棉花产量和氮肥利用率的影响（2016～2017 年）

施肥方式	施氮量（kg/hm^2）	生物产量（kg/hm^2）	籽棉产量（kg/hm^2）	经济系数	氮素吸收（kg/m^2）	氮肥表观利用率（%）	氮肥农学利用率（kg/kg）
传统施肥	375	15 150a	6 075b	0.401c	350c	38.9d	4.80d
	300	14 355b	6 015b	0.419b	342c	46.0c	5.80c
	240	11 805c	5 055c	0.428a	302d	40.8cd	3.25e
	0	9 675d	4 275d	0.442	204e	—	—
滴灌施肥	375	15 255a	6 300a	0.413c	375a	44.8c	5.56c
	300	15 000a	6 330a	0.422b	361b	51.5b	7.05b
	240	13 965b	6 240a	0.447a	355c	61.7a	8.44a
	0	9 465c	4 215b	0.445	207e	—	—

注：表中数据为新疆南部和北部 4 个试验点数据的平均值。375 kg/hm^2 为足量施肥。各处理磷钾肥施用量一致，皆为磷肥（P$_2$O$_5$）150 kg/hm^2、钾肥（K$_2$O）90 kg/hm^2。其中传统施肥中，50%氮钾肥、100%磷肥基施，30%氮肥和50%钾肥初花追施，其余 20%氮肥盛期追施；在水肥融合技术中，20%氮肥和50%磷钾肥作基肥，其余氮磷钾肥皆滴灌追肥

三是环保。水肥一体化技术使土壤容重降低，孔隙度增加，增强土壤微生物的活性，减少养分淋失，绿色环保。

为了进一步挖掘膜下滴灌节水省肥的潜力，本项目在现有分区滴灌和水肥一体化技术的基础上，一方面通过将常规滴灌改为分区交替滴灌，即常规滴灌与亏缺滴灌依次交替；另一方面，施肥量与灌水量协同，先滴水再滴肥，或只在低量滴灌时滴肥，实行水肥协同管理，同时施肥量与棉花需肥规律相匹配。试验设计常规滴灌足量滴肥（灌水量 4200 m^3/hm^2、纯氮量 330 kg/hm^2）、常规滴灌减量滴肥（灌水量 4200 m^3/hm^2、纯氮量 264 kg/hm^2）、分区交替滴灌均量滴肥（灌水量 3000 m^3/hm^2、纯氮量 264 kg/hm^2，每次滴肥量相同）、分区交替滴灌差量滴肥（灌水量 3000 m^3/hm^2、纯氮量 264 kg/hm^2，只在低量灌溉时滴肥，实行水肥协同管理）。三年研究结果表明，通过分区交替滴灌差量滴肥实现水肥协同管理，与常规滴灌足量滴肥相比，氮肥量减少了 20%，灌水量减少了 28.6%，籽棉产量相当，水分生产率提高了 38.1%，氮肥农学利用率提高了 52.9%。由此可见，通过分区交替滴灌差量滴肥，实行水肥协同管理，是西北内陆棉区通过"调冠养根"塑造新型群体的有效手段之一，具有显著的节水、省肥和环保效果（表 4-9）。

表 4-9　水肥协同高效管理对棉花产量和水肥利用率的影响（2017～2018 年，新疆奎屯市）

处理	氮肥量 （kg/hm^2）	灌水量 （m^3/hm^2）	籽棉产量 （kg/hm^2）	生物产量 （kg/hm^2）	收获 指数	水分生产率 （g/kg）	氮肥农学 利用率（kg/kg）
常规滴灌足量滴肥	330	4 200	5 288a	14 101a	0.375b	1.26b	2.38b
常规滴灌减量滴肥	264	4 200	5 004b	13 125b	0.384b	1.19b	1.90d
分区交替滴灌均量滴肥	264	3 000	4 985b	12 525c	0.398a	1.66a	2.53c
分区交替滴灌差量滴肥	264	3 000	5 206a	12 950bc	0.402a	1.74a	3.64a

注：常规滴灌和分区交替滴灌下不施氮肥的籽棉产量分别为 4502 kg/hm^2 和 4318 kg/hm^2。分区交替滴灌差量滴肥即为水肥协同高效管理

根据多年的试验和示范，确定西北内陆（新疆）棉花水肥协同管理的水肥运筹技术如下（图版 8）。

根据新疆棉花生长发育规律特点，新疆棉田膜下滴灌应该遵循量少、多次、保持土壤湿润的原则。头水以少量为原则，随即紧跟二水，以后要因地因时而异，每隔 5～10 d 灌溉 1 次。头水过早过多，易引起棉花徒长，造成高大空的棉花株型，但头水过晚且水量不足，又易造成蕾铃大量脱落。花铃期，灌水必须保障及时，充分灌溉，否则引起棉花早衰，棉桃脱落，造成减产。适时停水也极为关键，停水过早，易引起早衰，但停水过晚，易引起贪青晚熟、霜后花比例增加等。推荐轻简高效施肥方案是，氮肥（N）260～330 kg/hm^2，磷肥（P_2O_5）120～180 kg/hm^2，钾肥（K_2O）80～120 kg/hm^2。高产棉田还要适当加入水溶性好的硼肥 15～30 kg/hm^2、硫酸锌 20～30 kg/hm^2。通常 20%～30% 的氮肥、50% 左右的磷钾肥基

施，其余作为滴灌追肥在现蕾期、开花期、花铃期和棉铃膨大期追施，特别是要重施花铃肥，花铃肥应占追肥的 40%～50%。而且在施肥多的花铃期，灌水量也宜相应增大，促进二者正向互作，提高水肥利用率。

参 考 文 献

白岩, 毛树春, 田立文, 等. 2017. 新疆棉花高产简化栽培技术评述与展望. 中国农业科学, 50(1): 38-50.

代建龙, 董合忠, 埃内吉, 等. 2019. 一种采用化学封顶的晚密简棉花栽培方法: 中国, ZL20160033887.3.

董合忠, 李维江, 唐薇, 等. 2007. 留叶枝对抗虫杂交棉库源关系的调节效应和对叶片衰老与皮棉产量的影响. 中国农业科学, 40(5): 909-915.

董合忠, 李维江, 张旺锋, 等. 2018. 轻简化植棉. 北京: 中国农业出版社.

董合忠, 牛曰华, 李维江, 等. 2008. 不同整枝方式对棉花库源关系的调节效应. 应用生态学报, 19(4): 819-824.

董合忠, 杨国正, 李亚兵, 等. 2017. 棉花轻简化栽培关键技术及其生理生态学机制. 作物学报, 43(5): 631-639.

董合忠, 杨国正, 田立文, 等. 2016. 棉花轻简化栽培. 北京: 科学出版社.

董建军, 代建龙, 李霞, 等. 2017. 黄河流域棉花轻简化栽培技术评述. 中国农业科学, 50(22): 4290-4298.

董建军, 李霞, 代建龙, 等. 2016. 适于机械收获的棉花晚密简栽培技术. 中国棉花, 3(7): 35-37.

韩焕勇, 王方永, 陈兵. 2017. 氮肥对棉花应用增效缩节胺封顶效果的影响. 中国农业大学学报, 22(2): 12-20.

侯晓梦, 刘连涛, 李梦, 等. 2017. 基于 iTRAQ 技术对棉花叶片响应化学打顶的差异蛋白质组学分析. 中国农业科学, 50(19): 3665-3677.

罗振, 辛承松, 李维江, 等. 2019. 部分根区灌溉与合理密植对旱区棉花产量和水分生产率的影响. 应用生态学报, 30(9): 3137-3144.

徐守振, 杨延龙, 陈民志, 等. 2017. 北疆棉区滴水量对化学打顶棉花冠层结构及产量的影响. 新疆农业科学, 54(6): 988-997.

Dai JL, Li WJ, Zhang DM, et al. 2017. Competitive yield and economic benefits of cotton achieved through a combination of extensive pruning and a reduced nitrogen rate at high plant density. Field Crops Research, 209: 65-72.

Feng L, Dai JL, Tian LW, et al. 2017. Review of the technology for high-yielding and efficient cotton cultivation in the northwest inland cotton-growing region of China. Field Crops Research, 208: 18-26.

Li T, Dai JL, Zhang YJ, et al. 2019b. Topical shading substantially inhibits vegetative branching by altering leaf photosynthesis and hormone contents of cotton plants. Field Crops Research, 238: 18-26.

Li T, Zhang YJ, Dai JL, et al. 2019a. High plant density inhibits vegetative branching in cotton by altering hormone contents and photosynthetic production. Field Crops Research, 230: 121-131.

Luo Z, Kong XQ, Zhang YZ, et al. 2019. Leaf-sourced jasmonate mediates water uptake from hydrated cotton roots under partial root-zone irrigation. Plant Physiology, 180: 1660-1676.

Luo Z, Liu H, Li WP, et al. 2018. Effects of reduced nitrogen rate on cotton yield and nitrogen use efficiency as mediated by application mode or plant density. Field Crops Research, 218: 150-157.

Yang GZ, Chu KY, Tang HY, et al. 2013. Fertilizer ^{15}N accumulation, recovery and distribution in cotton plant as affected by N rate and split. Journal of Integrative Agriculture, 12: 999-1007.

Yang GZ, Tang HY, Nie YC, et al. 2011. Responses of cotton growth, yield, and biomass to nitrogen split application ratio. European Journal of Agronomy, 35: 164-170.

Yang GZ, Tang HY, Tong J, et al. 2012. Effect of fertilization frequency on cotton yield and biomass accumulation. Field Crops Research, 125: 161-166.

Zhang DM, Luo Z, Liu SH, et al. 2016. Effects of deficit irrigation and plant density on the growth, yield and fiber quality of irrigated cotton. Field Crops Research, 197: 1-9.

第5章 棉花集中成熟集中（机械）收获的
理论与技术

一个棉花单株称为个体，单位面积土地上所有单株的总和称为群体，群体结构则是单位面积土地上的株数、果枝数、果节数、叶片数、叶面积及其在空间的分布（董合忠等，2018）。构建集中成熟高效群体是优化成铃，实现棉花高产、优质、高效和集中（机械）收获的重要栽培学基础。我国传统棉花群体主要有"高密小株型"、"中密中株型"和"稀植大株型"3 种，分别在西北内陆棉区、黄河流域棉区和长江流域棉区广泛应用（董合忠等，2014）。但这 3 种群体都是建立在以精耕细作、人工多次采收为手段，以高产超高产为主攻目标基础上的，较少考虑生产品质和成本投入，特别是较少顾及集中收获或机械采摘的便宜。因此，必须建立适合集中收获的新型棉花群体，以避免传统群体的弊端。基于此，我们首创了"降密健株型"、"增密壮株型"和"直密矮株型"3 种分别适于西北内陆、黄河流域与长江流域棉区的集中成熟群体，建立了新型群体的主要指标（董合忠等，2018；张冬梅等，2019）。在此基础上，因地制宜，集成创建了不同棉区集中成熟高效群体构建技术并应用，为优化成铃、集中吐絮，保障黄河流域和长江流域棉花集中（机械）采收，提高西北内陆机采棉脱叶率和机采棉品质提供了坚实的理论与技术支撑。

5.1 传统棉花群体的特征和弊端

"高密小株型"、"中密中株型"和"稀植大株型"3 种传统棉花群体分别广泛应用于我国西北内陆、黄河流域和长江流域棉区（董合忠等，2014）。但是，近年来随着棉花生产目标由"精耕细作、高投入高产出"向"轻简节本、提质增效、绿色生态"转变，传统群体暴露出很多弊端，难以适应轻简节本、集中收获、提质增效的新要求。

5.1.1 高密小株型

这种类型群体的种植密度一般在 15 万株/hm^2 以上，最高可达 30 万株/hm^2。为使株距不至于过小，一般采用宽窄行，特别是为了适应机械采收的需要，采用

66 cm+10 cm 或 72 cm+4 cm 的行距配置方式，在西北内陆棉区广泛采用。在如此大的起点群体条件下，漏光较少，达到群体最大适宜叶面积时，可覆盖整个地面。因此一般将个体培育成近似筒形，棉花顶部 1~2 个果枝和下部 2~3 个果枝稍短，中部 3~4 个果枝较长，以利用横向空间为主，纵向空间利用偏少（李少昆等，2000）。棉花成铃主要分布在第 1~8 台果枝，这 8 台果枝成铃数占总成铃数的比例达到 85%以上，其中第 1 果节成铃数占这 8 台果枝总成铃数的 85%以上。"高密小株型"群体最大光合速率出现时期早，在盛铃期内能保持相对较高的群体光合氮素利用效率和群体光合光能利用效率，利于光合物质累积及向生殖器官转移（Yao et al.，2015）；同时"高密小株型"群体的成铃主要集中在低台位果枝的内围果节，从而能利用有限的棉花生长季节和热量条件多结铃、夺高产（Yao et al.，2016，2017）（图版 13a）。

"高密小株型"群体的缺点也很多，特别是随着机采棉的发展，"高密小株型"群体的缺点更加突出。一是基础群体大，特别是随着膜下滴灌和水肥一体化技术的推行，叶面积指数（leaf area index，LAI）常常大于 4.5 甚至超过 5.0，群体臃肿荫蔽，下层空间通风、透光不良，不仅增加了蕾铃脱落、烂铃，甚至出现畸形铃，影响了早熟，降低了经济系数；二是棉株高度只有 60~70 cm，过低的株高导致在机械采收时，容易把地表的残膜等杂质一并收获，增加了异性纤维对原棉的污染；三是脱叶效果差，特别是 66 cm+10 cm 行距配置模式，不仅棉叶难以脱掉，而且挂枝叶多，提高了机采籽棉的含杂率，严重影响了机采棉的品质（董合忠等，2018）（图版 13a）。

5.1.2　中密中株型

"中密中株型"群体的种植密度为 5 万~6 万株/hm²，采用 70~80 cm 等行距或宽窄行（宽行 100~120 cm，窄行 50~60 cm），要求将棉株培育成塔形，株高 1.2 m 左右，单株留果枝数比"高密小株型"多 2~4 个，达到 12~14 个。果枝由下而上逐渐变短，达到群体最大叶面积时，形成"下封上不封"的群体结构，利用下部果枝伸得较长并覆盖地面，达到充分利用横向空间的目的；同时利用单株多留果枝，达到多利用纵向空间的目的。与"高密小株型"群体比较，利用的空间大一些，便于提高光能利用率。同时，中等密度形成中等群体，便于棉田管理，特别是采用塑料地膜覆盖小行，大行裸露，不仅显著节省了地膜，还便于在大行中进行农事操作（张冬梅等，2010；董合忠等，2014）（图版 9a、9b，图版 10a）。

这类群体结构的弊端主要体现在：一是易造成棉株徒长，引起小行过早封行，激化群体和个体的矛盾，造成荫蔽，恶化群体内透光条件，导致蕾铃脱落严重，使经济系数下降而减产；二是受棉花单株载铃量的限制，单位面积的总铃数一般在 75 万个/hm² 左右，很难进一步提高；三是中等群体下早播早发棉花的结铃期很长，伏前桃易烂、伏桃易脱、秋桃较轻，不仅导致全株平均铃重较低，而且结铃分散，吐絮期长，需要多次采收，费工费时；四是早发棉花极易早衰，一旦早衰则导致大幅度减产（董合忠等，2010，2018）（图版 9a、9b，图版 10a）。

5.1.3 稀植大株型

"稀植大株型"群体的种植密度为 1.95 万～3.75 万株/hm²，行距为 100～170 cm。这种类型又有两种情况：一种是常规棉品种，种植密度一般为 3.0 万～3.75 万株/hm²，等行距 100～120 cm 种植，多数情况下去营养枝，将棉株培育成筒形，下、中、上部果枝长度基本相同，棉花整个生长季节不完全封行，两行棉株的果枝顶叶相接而不交叉，阳光可直射到棉株底部。单株果枝数可达到 20 个左右，植株高度为 130～150 cm，利用空间明显比"中密中株型"群体大。另一种是抗虫杂交棉，种植密度为 1.95 万～2.7 万株/hm²，等行距 100～150 cm 种植，不去营养枝，利用杂种优势，充分发挥个体增产潜力，使营养枝向两侧生长，利用横向空间，并尽可能地多利用纵向空间。棉株高度可达到 150 cm 以上，主茎留果枝 22 个以上，棉花生长季节不封行，阳光可直射到棉株底部。利用较长的棉花生长季节和较优越的肥水条件，加之杂种优势，充分挖掘了棉花个体产量潜力（董合忠等，2000；李维江等，2005）。

这类群体结构的弊端在于：一是前中期的漏光情况要比前两种群体结构严重，如果缺苗或者个体发育不充分，漏光情况会更严重，必然导致减产，因此产量不太稳定；二是基础群体小，单株果枝数多，加之叶枝发达且间接结铃多，结铃相当分散，吐絮期长达 70 多天，必须多次采摘；三是果枝铃与叶枝铃、棉株内围铃与外围铃、上下部铃与中部铃纤维品质差别大，纤维品质的一致性差（董合忠等，2018）。而且，传统套种植棉需要营养钵育苗移栽，棉花生产过程包含制作育苗营养钵、播种、苗床管理、大田除草整地、免耕移栽或盖膜移栽、病虫害防治、施肥、除草、中耕、化学调控、整枝打顶、收花晒花、揭膜拔棉柴等工序，不仅烦琐复杂、费工费时，而且劳动强度大、生产效率低。因此，改革两熟制棉区现行的"稀植大株型"群体比其他任何棉区都显得重要和迫切。

5.2 棉花集中成熟高效群体

当前，我国棉花栽培进入了以"轻简节本、提质增效、绿色生态"为主攻目标的新时期，对棉花合理群体也有了新要求。一方面要提高光能利用率，充分挖掘棉花群体的产量潜力，实现棉花高产稳产；另一方面通过优化成铃、集中吐絮，提高生产品质并实现集中（机械）收获。这两方面要协同兼顾，必须因地制宜，制定集中成熟、产量品质协同提高、节本降耗的群体量化指标，建立新型高效群体。根据对我国西北内陆、黄河流域和长江流域 3 个主要产棉区的研究与生产实践，本项目研发出以下 3 种新型群体（张冬梅等，2019）。

5.2.1　降密健株型

研究发现，棉花的群体结构不仅受种植密度、株高的影响，还受品种类型、株行距配置等的显著影响。高密度条件下，随平均行距增加，棉花冠层光合有效辐射截获量和单位面积氮含量均降低。因此行距过大，不利于群体高效利用光能和群体光合能力的提升（Yao et al.，2015）；减小行距后，棉花最大群体光合速率提前出现；适宜行距配置下棉花生育后期叶面积指数下降慢，冠层内光分布更加合理，较高的群体光合速率利于光合产物的快速合成和累积（Yao et al.，2016）。常规棉品种宽窄行高密度配置下群体最大光合速率出现时期早，于盛铃期在高光条件下保持相对较高的群体光合氮素利用效率和群体光合光能利用效率，利于光合物质累积及向生殖器官转移；杂交棉等行距低密度配置下棉花群体最大光合速率值虽然略低，但保持时间长，最大群体光合氮素利用效率和群体光合光能利用效率显著高于其他处理，个体优势明显（Yao et al.，2017）。据此，提出了"降密健株型"集中成熟高效群体。

"降密健株型"群体是在传统"高密小株型"群体的基础上，通过适当降低种植密度（起点群体降低 10%～20%），并适当增加株高（10%～15%）等措施而发展起来的以培育健壮棉株、优化成铃、提高机采前脱叶率为主攻目标的新型高效群体，皮棉产量目标为 2250～2400 kg/hm^2，适合西北内陆棉区机采棉（董合忠等，2018）（图版 13b、13c，图版 14）。

主要指标如下。

1）适宜的种植密度和株高。种植密度 15 万～20 万株/hm^2，盛蕾期、初花期和盛花期株高日增长量分别以 0.95 cm、1.30 cm 和 1.15 cm 比较适宜，最终株高 75～85 cm。其中，采用杂交种或单株长势强、产量潜力大的常规棉品种等行距（76 cm）种植时，种植密度降至 12.0 万～13.5 万株/hm^2，株高 80～90 cm。

2）适宜的最大叶面积指数（MLAI，群体获得最大干物质积累量所需的最小叶面积指数）为 4.0～4.5。适宜的最大叶面积指数动态为苗期快速增长，现蕾到盛花期平稳增长，适宜的最大叶面积指数在盛铃期出现，之后平稳下降。

3）果枝及叶片角度分布合理。在盛铃至吐絮期冠层由上至下，叶倾角由大到小，上部 76°～61°，分别比中部和下部大 14°和 30°。

4）节枝比（棉株的果节数与果枝数之比）和棉柴比（籽棉与棉柴的质量比）适宜，分别为 2.0~2.5 和 0.75~0.85。

5）非叶绿色器官占总光合面积的比例显著提高。生育后期非叶绿色器官占总光合面积的比例由 35% 增加到 38%，铃重的相对贡献率由 30% 提高到 33%。

6）长势稳健，集中成铃，脱叶彻底。棉株上中下棉铃分布均匀且顶部棉铃比例稍高，脱叶催熟效果好；人工打顶时植株上部铃重和纤维品质指标一致性好，化学封顶时上部铃重略低于中下部铃重；霜前花率达到 85%~90%，脱叶率达到 92% 以上，含絮力适中，采净率高、含杂率低（表 5-1）。

表 5-1　适于集中收获的新型群体结构类型和主要指标

指标	群体结构类型		
	降密健株型	增密壮株型	直密矮株型
皮棉产量目标	2250~2400 kg/hm²	1650~1800 kg/hm²	约 1500 kg/hm²
适宜的最大叶面积指数	4.0~4.5	3.6~4.0	3.8~4.0
适宜的最大叶面积指数动态	适宜的 MLAI 在盛铃期	适宜的 MLAI 在盛铃期	适宜的 MLAI 在盛铃期
最终株高	75~90 cm	90~100 cm	80~90 cm
节枝比	2.0~2.5	2.8~3.3	2.5~3.0
棉柴比	0.75~0.85	0.8~0.9	约 0.85
非叶绿色器官	光合贡献 8% 以上	光合贡献 5% 以上	光合贡献 6% 以上
集中成铃	霜前花率 85%~90%	伏桃与早秋桃占比 75%~80%	伏桃与早秋桃占比 70% 以上
脱叶率	>92%	>95%	>95%
适宜区域	西北内陆棉区	黄河流域棉区一熟制	长江流域、黄河流域棉区两熟制

2015~2017 年，在新疆生产建设兵团第七师对"降密健株型"高效群体开展了大田试验和大面积展示。其中，试验田在传统宽窄行基础上只采用降密措施处理时，实收密度由 22.8 万株/hm² 降为 15.2 万株/hm²，产量没有显著变化，但脱叶率和采净率分别提高了 2.2 个百分点和 1.6 个百分点；只将宽窄行改为等行距，在密度基本不降低的前提下，产量略有降低，但脱叶率和采净率分别提高了 1.6 个百分点和 1.8 个百分点，产量降低主要是株距过小，单株间相互影响大，蕾铃脱落多，有效结铃少所致。而将宽窄行改为等行距，并适当降低密度，最后产量与传统宽窄行高密度处理相当，脱叶率和采净率分别提高了 4.9 个百分点和 4.2 个百分点，效果十分显著（表 5-2）。

2016~2018 年，新疆生产建设兵团第七师开展的大面积示范也得出了相同的结果和结论（图版 13c）。目前，这一群体结构已经成熟并被广泛接受。基本做法是，采用单株产量潜力大的杂交种或常规种，等行距 76 cm 种植，大幅度降低

表 5-2　"降密健株型"群体结构的经济性状和特征（2015～2017 年，新疆奎屯市）

行距配置	理论密度 （万株/hm²）	实收密度 （万株/hm²）	株高 （cm）	铃数 （个/m²）	铃重 （g）	产量 （kg/hm²）	脱叶率 （%）	采净率 （%）
宽窄行	27.8	22.8	72.5c	122a	5.82b	7075a	88.6c	92.1c
宽窄行	18.5	15.2	78.5b	116b	6.05a	7002a	90.8b	93.7b
等行距	25.8	20.6	74.2bc	116b	5.85b	6805a	90.2b	93.9b
等行距	15.0	13.5	82.3a	114b	6.12a	6957a	93.5a	96.3a

注：行距配置方式分别为：宽窄行（66 cm+10 cm），1 膜 6 行；等行距 76 cm，1 膜 3 行。同列数据标注不同字母表示差异显著（$P<0.05$）

密度至 12.0 万～15.0 万株/hm²，实现相对稀植；通过健个体、强群体，建立高产、适宜机械化采收的集中成熟高效群体。根据 2016～2018 年的示范结果，收获 12 万～13 万株/hm²，单株成铃 10～12 个，节枝比 2.5 左右，铃数为 120 万～150 万个/hm²，单铃重为 5～5.5 g，霜前花率达 90%以上，籽棉目标产量为 6000 kg/hm²以上，脱叶率达 95%以上。这是一种典型的集中成熟便于脱叶的"降密健株型"群体结构，已在西北内陆适宜地区大面积推广应用。

5.2.2　增密壮株型

"增密壮株型"群体是在传统"中密中株型"群体的基础上，通过适当增加种植密度（起点群体增加 50%～80%），并适当降低株高（15%～20%）等措施而发展起来的以培育壮株、优化成铃、集中吐絮为主攻目标的新型棉花群体，皮棉产量目标为 1650～1800 kg/hm²，适合黄河流域棉区一熟制（董合忠等，2018）（图版 9c、9d、9e、9f，图版 10b）。主要指标如下。

1）适宜的种植密度和株高。收获密度达到 7.5 万～9 万株/hm²，盛蕾期、开花期和盛花期株高日增长量分别以 0.95 cm、1.30 cm 和 1.15 cm 比较适宜，最终株高 90～100 cm。通过调控株高和叶面积动态，确保适时适度封行。

2）适宜的最大叶面积指数为 3.6～4.0。其动态也是苗期较快增长，现蕾到盛花期平稳增长，适宜的最大叶面积指数在盛铃期出现，之后平稳下降。

3）果枝及叶片角度分布合理，使棉花冠层中的光分布和光合分布比较均匀。

4）节枝比和棉柴比适宜，分别为 2.8～3.3 和 0.8～0.9。

5）集中成铃和脱叶彻底，伏桃与早秋桃占比达到 75%～80%，机采棉田脱叶率达 95%以上（表 5-1）。

5.2.3　直密矮株型

长江流域棉区和黄河流域实行两熟制的产棉区多采用套种棉花或前茬作物收

获后移栽棉花的种植模式，普遍应用"稀植大株型"的群体结构。这种群体结铃和吐絮分散，无法集中（机械）收获。经过多年试验和探索发现，改套种或前茬作物收获后移栽棉花为前茬作物收获后直播早熟棉，通过增加种植密度，矮化并培育健壮植株，建立"直密矮株型"群体结构，不仅省去了棉花育苗移栽环节，也为集中成熟、机械收获提供了保障（董合忠，2016；董合忠等，2018）（图版11，图版12）。"直密矮株型"的皮棉产量目标为 1500 kg/hm² 左右。

主要指标如下。

1）适宜的种植密度和株高。种植密度 9 万～12 万株/hm²，最终株高 80～90 cm。通过调控株高和叶面积动态，确保适时适度封行。

2）适宜的最大叶面积指数和动态。小麦（油菜、大蒜）后早熟棉构建"直密矮株型"群体结构的适宜的最大叶面积指数为 3.8～4.0。苗期以促进叶面积增长为主，现蕾到盛花期叶面积指数平稳增长，适宜的最大叶面积指数在盛铃期出现，之后平稳下降。

3）节枝比和棉柴比适宜，分别为 2.5～3.0 和 0.85 左右。

4）果枝及叶片角度分布合理，使棉花冠层中的光分布和光合分布比较均匀。

5）集中成铃和脱叶彻底。单株果枝数 10 个左右，成铃时间主要集中在 8 月中旬到 9 月中下旬，棉花伏桃和早秋桃合计占总成铃数的比例达 70%以上，机采前脱叶率达 95%以上（表 5-1）。

5.3 集中成熟高效群体调控技术

棉花群体调控与合理群体结构的构建必须因地制宜。在西北内陆棉区建立"降密健株型"群体，在确保集中结铃、集中吐絮的基础上，通过优化株行距搭配，适当降低密度、增加株高，提高了脱叶率，减少了机采籽棉的含杂率（表 5-3）。在黄河流域棉区一熟制棉花和长江流域与黄河流域棉区两熟制棉花分别建立"增密壮株型"和"直密矮株型"群体结构，在保持产量不减、品质不降的基础上，通过增加密度、降低株高，实现集中结铃（提高内围铃、伏桃和早秋桃比例）、集中吐絮，保障集中收获或机械采收（表 5-3）。

5.3.1 "降密健株型"高效群体调控关键技术

西北内陆棉区构建"降密健株型"群体的核心目标是提高脱叶率，便于机械采收，要实现这一目标的主要技术途径是降密健株，提高群体的通透性。为此，要优化株行距配置、膜管配置，综合运用水、肥、药、膜等措施，科学合理调控，即通过调控萌发出苗和苗期膜下温墒环境，实现一播全苗、壮苗，建立稳健的基础群体；合理配置株行距，结合化学调控、适时打顶（封顶）、水肥协同高效管理等措施调控棉株地上部生长、优化冠层结构，优化成铃，集中吐絮，提高脱叶率（表 5-3）。

表 5-3　棉花集中成熟高效群体调控关键技术

关键环节	降密健株型（西北内陆）	增密壮株型（黄河流域纯作春棉）	直密矮株型（黄河流域与长江流域两熟制）
播种和出苗	单粒精量播种，宽膜覆盖增温、适时滴水增墒，实现一播全苗壮苗，为集中成熟奠定基础	单粒精播，缩小穴距、适增穴数，一播全苗，免间苗、定苗，保障稳健基础群体	套种改为茬后抢时精量直播早熟棉，实现一播全苗，免间苗、定苗，为集中成熟奠定基础
收获密度和株高	优化株行距配置，适当降密、适增株高：新疆南部 13.5 万～18.0 万株/hm²，株高 75～90 cm；新疆北部 15.5 万～19.0 万株/hm²，株高 70～80 cm	大小行改为等行距种植，缩株增密至 7.5 万～9 万株/hm²，株高降至 90～100 cm；宽窄行改为等行中膜覆盖；适时适度封行	适当密植（9 万～12 万株/hm²），植株矮化（80～90 cm），适时适度封行，以密争早
轻简高效管理	免整枝载铃封顶；膜下分区交替滴灌；水肥协同管理；及时脱叶催熟，脱叶彻底	免整枝；盛蕾期适时破膜促根下扎；速效肥与控释肥结合，种肥同播，实现一次性施肥	免整枝；速效肥与控释肥结合，一次基施，或盛蕾期一次性追施速效肥，实现一次性施肥

1）选用适宜品种。除考虑早熟性、产量、品质和抗逆性外，还要根据株行距和密度，以及脱叶催熟、集中采收的要求，选择适宜株型和长势的棉花品种。1 膜 3 行等行距种植时要选用杂交种或长势强、架子大的常规种。

2）建立稳健的基础群体。采用精加工种子，精细整地，单粒精播，因地制宜，通过冬春灌溉造墒，或干土播种、适时滴水增墒，宽膜覆盖边行内移增温，实现一播全苗而形成稳健的基础群体。

3）科学搭配株行距并以密定高。肥地宜等行距种植，盐碱薄地宽窄行种植。在现有基础上适当降密、适增株高，新疆南部收获株数降为 13.5 万～18.0 万株/hm²，单株果枝数 10～12 个，株高 75～90 cm；新疆北部收获株数降为 15.0 万～19.5 万株/hm²，单株果枝数 8～10 个，株高 70～85 cm；杂交棉 12 万～15 万株/hm²，株高 80～90 cm。在此范围内，株高要根据密度和行距搭配适当调整。

4）实行水肥协同管理。改传统膜下滴灌为膜下分区交替滴灌，实行基于水肥一体化的水肥协同高效管理：一方面通过调整滴灌带布局、灌水量和灌水频次，实行膜下分区交替滴灌，即由过去的"1 膜 4 行 1 带"、"1 膜 6 行 2 带"改为"1 膜 4 行 2 带"、"1 膜 6 行 3 带"或"1 膜 3 行 3 带"；由过去全生育期灌水 5～6 次增加到 8～10 次，由每次常规足量灌溉改为中量灌溉与低量灌溉依次交替，总灌水量减少 20%～30%，灌水终止期提前 7 d 左右；另一方面，按照棉花生长发育和产量品质形成的需要，利用滴灌施肥装置，将根据棉花产量目标和土壤肥力状况设计的棉花专用水溶性肥料融入灌溉水中，随滴灌水定时、定量、定向供给棉花，施肥量与灌水量匹配，实现膜下分区滴灌与滴灌施肥相结合的水肥协同高效管理。

5）充分发挥非叶绿色器官的光合能力。在以水肥协同高效管理为核心技术的节水省肥栽培条件下，棉花群体茎秆、苞叶和铃壳等非叶绿色器官光合生产贡献率增大，通过选用茎秆粗壮、苞叶较大的棉花品种，合理密植、科学搭配株行距并采取水肥协同管理节水减肥，显著提高了非叶绿色器官的光合生产贡献率（Hu et al.，2012；Zhan et al.，2015），充分发挥了非叶绿色器官的光合能力。

6）灌水与化学封顶结合提高塑形和脱叶效果。化控和减少灌水量结合，可以显著降低株高和果枝长度。喷施封顶剂后的 2 次灌水控制在中滴灌量（480 m³/hm²），不仅可以调节化学打顶棉花的株型和脱叶进程，还可以在籽棉产量不降的同时减少滴灌量。

需要注意的是，提高脱叶率是"降密健株型"高效群体最重要的目标。在喷施脱叶催熟剂后 7 d 左右的时间内，棉花脱叶率最高，达 55%～79%，且与最高温度和每日≥12℃有效积温呈显著的线性关系。若要在喷施脱叶催熟剂后 7 d 内实现>55%的脱叶率，则应满足该时间段最高温度大于 27.2℃、每日≥12℃有效积温大于 7.0℃·d 的要求，因此，喷施脱叶催熟剂后 7 d 内是实现良好脱叶效果的关键时间段，其间的最高温度和每日≥12℃有效积温是关键影响因素。另外，我国批准登记并在有效期内的棉花脱叶剂产品共有 68 种，有效成分仍以噻苯隆为主。脱叶剂复配往往能获得更好的脱叶效果，且更为安全，其中，敌草隆是一种触杀型化合物，常与噻苯隆复配，用于提高低温条件下的脱叶效果，但喷施量过高也很容易造成干枯叶。因此，实现棉花叶片快速脱落的另一个途径是，改良脱叶剂配方以增强棉花叶片的附着性和吸收能力，避免触杀型复配剂带来的负面影响（田景山等，2019）。

5.3.2 "增密壮株型"高效群体调控关键技术

黄河流域棉区一熟制通常采用"中密中株型"群体，而且采用早播早发，大小行种植，株高过高和封行过早，常导致棉花地上部徒长、根系发育不良而出现根冠失调，因此要以"控冠壮根"为主线构建"增密壮株型"群体。具体而言，一是适当增加密度，并由大小行种植改为等行距种植；二是控冠壮根，通过提早化控和适时打顶（封顶），控制棉株地上部生长，实现适时适度封行；三是棉田深耕或深松、控释肥深施、适时揭膜或破膜，促进根系发育，实现正常熟相；四是适当晚播，减少伏前桃，进一步促进集中成铃。具体可采用"晚密优"技术实现优化成铃、集中吐絮。"晚"是指采用中早熟棉花品种，适当晚播；"密"是指采用机采棉种植模式，适当提高密度，合理密植；"优"是指优化成铃部位、集中成铃（表 5-3）。

1）适期晚播。为使棉花结铃期与黄河流域棉区的最佳结铃期吻合，以便降低伏前桃的数量，减少烂铃，采用叶枝弱、赘芽少、结铃集中的中早熟棉花品种，播种期宜适当推迟 10 d 左右，由 4 月中旬推迟到 4 月底至 5 月初。

2）实行等行距中膜覆盖。改大小行（大行 90～120 cm、小行 50～60 cm）种植为 76 cm 等行距种植；改窄膜（80～90 cm）为中膜（120～130 cm）覆盖，膜厚度≥0.01 mm，一膜盖两行。

3）合理密植。根据试验和示范情况，为确保棉花集中成铃，实收密度在原来的基础上提高 3 万株/hm² 左右，达到 7.5 万～9 万株/hm²。

4）揭膜和控释肥深施结合，促进根系发育和养分供应。播种时通过种肥同播，将棉花专用控释复混肥施入土层 10 cm 以下，确保中后期肥料供应；盛蕾期以前及时揭膜或破膜回收，并结合中耕促根下扎。

5）科学化控并结合化学封顶免整枝。坚持"少量多次、前轻后重"的原则实行化学调控，控制株高 90～100 cm，实现适时适度封行。

2015～2017 年在鲁西北棉区的临清市和利津县开展的示范结果表明，尽管"增密壮株型"群体结构的籽棉产量与传统"中密中株型"群体结构没有明显差异，但是，实收密度分别提高了 45.5% 和 34.7%，株高分别降低了 19.7% 和 23.5%，节枝比分别降低了 16% 和 21%，伏桃和早秋桃占总铃数的比例分别提高了 5.2 个百分点和 9.6 个百分点，大幅度减少了烂铃数，实现了集中成铃（表 5-4）。

表 5-4　"增密壮株型"高效群体结构的示范效果（2015～2017 年）

地点	群体结构	实收密度（株/hm²）	株高（cm）	最大叶面积系数	节枝比	伏桃和早秋桃（%）	籽棉产量（kg/hm²）
临清市	中密中株	3525b	135.2a	3.75b	3.82a	67.3c	4025a
	增密壮株	5128a	108.5c	3.92a	3.21b	72.5b	3983a
利津县	中密中株	3967b	128.6b	3.82b	3.75a	65.6c	3438b
	增密壮株	5432a	98.4d	4.03a	2.98c	75.2a	3560b

注：同列数据标注不同字母表示差异显著（$P<0.05$）

5.3.3　"直密矮株型"高效群体调控关键技术

长江流域和黄河流域棉区两熟制棉田以接茬直播早熟棉密植争早为主线构建"直密矮株型"群体。基本思路是采用早熟棉或短季棉品种；小麦（大蒜、油菜）抢茬直播，在 5 月下旬至 6 月上旬直接在大田播种，省去营养钵育苗和棉苗移栽，降低了劳动强度，节省了用工，无伏前桃；增密、化控、矮化、促早，种植密度一般在 9 万株/hm² 以上，株高 90～100 cm，促进棉花集中成铃（董合忠，2016）。主要措施如下。

1）抢茬机械直播。播期以 5 月中下旬或 6 月初为宜，机械精量播种，种植密度以 9 万~12 万株/hm² 为宜。为抢得农时,一般不必灭茬,板茬直播为好,因此要求有良好的水浇条件和配套播种机械。

2)科学化控免整枝。在合理密植条件下,用缩节安进行全程化控,坚持"少量多次、前轻后重"的原则,控制棉花最终株高在 80~90 cm。

3)水肥轻简高效运筹。两熟制地区降雨较多,生长季节一般不需要浇水,但在蕾期如遇干旱要适时浇水促进搭起架子;大蒜地一般不需要施肥,麦田和油菜田可在盛蕾期一次性施肥。通过水肥轻简高效运筹实现节水省肥及促进集中成铃和早熟。

4)脱叶催熟,集中采收。棉花自然吐絮 50% 以上或顶部棉铃铃期在 40 d 以上,即 9 月底 10 月初时,可对棉花进行化学脱叶与催熟。

2015~2017 年在金乡县和巨野县对"直密矮株型"高效群体进行了试验示范,取得了良好效果。尽管"直密矮株型"群体的籽棉产量比传统"稀植大株型"群体分别减少 12.5% 和 13.4%,但是,实收密度提高了 2 倍多,株高分别降低了 38.5% 和 41.7%,节枝比分别降低了 35.8% 和 32.9%,实现了集中成铃(表 5-5)。更为重要的是,用工减少了 40% 以上;而且用肥、用药投入也显著减少,最终的经济效益显著高于"稀植大株型"群体,表现出显著的节本增效和便于集中采收的优势。但是,也必须注意,采用"直密矮株型"群体必须要实行 3 个方面的配套,即品种、机械和种植方式相配套。大蒜品种方面要选用早熟早收、优质高产的大蒜品种,棉花品种方面要选用高产、优质、抗逆的早熟棉或短季棉品种;在机械方面,要有配套的播种机械以实现棉花精量播种、减免间苗和定苗,要尽可能使用机械进行田间管理;在种植方式上,大蒜采用满幅种植,实现大蒜产量的最大化,收蒜前灌溉,收蒜后立即机械精量播种,棉花留苗 9 万株/hm² 以上,实收 7.5 万株/hm² 以上,最终株高控制在 80~90 cm。

表 5-5 "直密矮株型"高效群体结构的示范效果(2015~2017 年)

地点	群体结构	实收密度 (株/hm²)	株高 (cm)	最大叶面积 指数	节枝比	籽棉产量 (kg/hm²)	用工数 (个/hm²)
金乡县	稀植大株型	26 010b	160.2a	3.95a	4.22a	4 321a	335a
	直密矮株型	82 920a	88.5b	3.85a	2.71c	3 783a	198b
巨野县	稀植大株型	27 990b	158.6a	3.92a	3.95b	4 231b	314a
	直密矮株型	84 630a	82.4b	3.93a	2.65c	3 664b	188b

注:同列数据标注不同字母表示差异显著($P<0.05$)

综上所述,三种高效群体充分利用当地的生态条件,个体株型合理、群体结构优化,使棉花高光合效能期、成铃高峰期和光热资源高能期同步,在最佳结铃期、最佳结铃部位和棉株生理状态稳健时集中结铃,实现了集中成熟。因此,棉花集中成熟高效群体的塑造,首先,要根据生态条件、种植模式来确定群体类型;

其次，要根据群体类型确定起点群体的大小和株行距搭配，协调好个体和群体的关系，既要使个体生产力充分发展，又要使群体生产力得到最大提高；最后，在群体发展过程中，依靠水、肥、药等手段，按照相应群体指标，综合调控，一方面在控制群体适宜叶面积的同时，促进群体总铃数的增加，达到扩库、强源、畅流的要求，不断协调营养生长和生殖生长的关系，实现正常熟相和高产稳产，另一方面，调控株型和集中成铃，实现优化成铃、集中结铃、提高脱叶率，实现产量、品质协同提高前提下的集中成熟、机械采摘。

参 考 文 献

董合忠. 2016. 蒜棉两熟制棉花轻简化生产的途径——短季棉蒜后直播. 中国棉花, 43(1): 8-9.

董合忠, 李维江, 李振怀, 等. 2000. 抗虫杂交棉精播栽培技术研究. 山东农业科学, (3): 14-17.

董合忠, 李振怀, 罗振, 等. 2010. 密度和留叶枝对棉株产量的空间分布和熟相的影响. 中国农业生态学报, 18(4): 792-798.

董合忠, 毛树春, 张旺锋, 等. 2014. 棉花优化成铃栽培理论及其新发展. 中国农业科学, 47(3): 441-451.

董合忠, 张艳军, 张冬梅, 等. 2018. 基于集中收获的新型棉花群体结构. 中国农业科学, 51(24): 4615-4624.

李少昆, 张旺锋, 马富裕, 等. 2000. 北疆超高产棉花(皮棉 2000 kg hm^{-2})生理特性研究. 作物学报, 26(4): 508-512.

李维江, 唐薇, 李振怀, 等. 2005. 抗虫杂交棉的高产理论与栽培技术. 山东农业科学, (3): 21-24.

田景山, 张煦怡, 张丽娜, 等. 2019. 新疆机采棉花实现叶片快速脱落需要的温度条件. 作物学报, 45(4): 613-620.

张冬梅, 李维江, 唐薇, 等. 2010. 种植密度与留叶枝对棉花产量和早熟性的互作效应. 棉花学报, 22(3): 224-230.

张冬梅, 张艳军, 李存东, 等. 2019. 论棉花轻简化栽培. 棉花学报, 31(2): 163-168.

Hu YY, Zhang YL, Luo HH, et al. 2012. Important photosynthetic contribution from the non-foliar green organs in cotton at the late growth stage. Planta, 235: 325-336.

Yao HS, Zhang YL, Yi XP, et al. 2015. Plant density alters nitrogen partitioning among photosynthetic components, leaf photosynthetic capacity and photosynthetic nitrogen use efficiency in field-grown cotton. Field Crops Research, 184: 39-49.

Yao HS, Zhang YL, Yi XP, et al. 2016. Cotton responds to different plant population densities by adjusting specific leaf area to optimize canopy photosynthetic use efficiency of light and nitrogen. Field Crops Research, 188: 10-16.

Yao HS, Zhang YL, Yi XP, et al. 2017. Characters in light-response curves of canopy photosynthetic use efficiency of light and N in responses to plant density in field-grown cotton. Field Crops Research, 203: 192-200.

Zhan DX, Zhang C, Yang Y, et al. 2015. Water deficit alters cotton canopy structure and increases photosynthesis in the mid-canopy layer. Agronomy Journal, 107: 1947-1957.

第6章 棉花集中成熟轻简高效栽培技术体系及其推广应用

根据各棉区的生态条件和实际需要,因地制宜,以集中成熟、机械收获为引领,集成种、管、收各环节的关键技术,建立西北内陆棉花集中成熟轻简高效栽培技术、黄河流域一熟制棉花集中成熟轻简高效栽培技术和长江流域与黄河流域两熟制棉花集中成熟轻简高效栽培技术,形成符合国情、独具特色的中国棉花集中成熟轻简高效栽培技术体系,实现了棉花"种-管-收"全程高效轻简化。平均省工30%~50%、减少物化投入10%~20%,春棉增产5%~10%,早熟棉节本30%以上。人均管理棉田,长江和黄河流域由3~5亩增加到30~50亩、新疆由10~20亩增加到100~200亩,突破了用工多、投入大、效率低、集中(机械)收获难等限制棉花产业持续发展的瓶颈,为我国棉花生产方式由传统劳动密集型、资源高耗型向轻简节本型、资源节约型转变提供了重要的理论和技术支撑。

6.1 棉花集中成熟轻简高效栽培技术体系的内容

6.1.1 西北内陆棉花集中成熟轻简高效栽培技术

新疆是我国棉花生产机械化程度最高的产棉区,其中新疆生产建设兵团的棉花生产已经基本实现全程机械化,但是并没有实现真正意义上的轻简高效,主要体现在:过分追求高产,投入大、成本高,棉田面源污染重,丰产不丰收、高产不高效,不符合绿色生态、可持续发展的理念和要求;注重遗传品质,忽视生产品质,密度过高、群体结构不合理导致群体臃肿荫蔽、脱叶率低,棉花含杂多,这是好品种没有生产出优质棉的主要原因;注重机械代替人工,强调全程机械化,劳动强度降低了,但植棉程序没有减少,没有实现真正意义上的轻简高效,不符合绿色可持续生产的要求,成为制约新疆棉花生产可持续发展的瓶颈。

大力发展机采棉是新疆棉花生产的必由之路。但是对机采棉的认识还存在一些误区,有关机械采摘过程对棉花纤维品质的影响还不清楚?我们的研究表明,机采对棉花纤维长度和马克隆值无显著影响,但对断裂比强度、整齐度及纺纱均匀性指数均有不利影响,还会增加短纤指数(田景山等,2016)。但是,清理过程对纤维品质的影响远大于机采过程,特别是对比强度有显著损伤,损伤大小主要与叶杂黏着性有关,当机采籽棉叶杂手清率>40%时,籽棉清理对纤维损伤小(Tian et al.,2017a);皮棉清理则显著影响纤维长度和短纤指数,应选择 1 道气流式或锯齿式皮棉清理机,若兼顾机采棉原棉等级则以 2 道为限(Tian et al.,2017b)。提高脱叶率,降低机采前棉株叶量是改善机采籽棉品质的根本技术途径。基于此,新疆棉花生产的健康发展要走轻简高效植棉的路子,其具体技术路线是"降密健株、优化成铃、提高脱叶率"。要制定合理的产量目标,把高产超高产改为丰产优质;高投入高产出改为节本增效、绿色生态;采取的主要技术途径是,"良种良法配套、农机农艺融合、水肥药膜结合、水肥促进与缩节安化控相结合"。因地制宜,确定了西北内陆"降密健株"轻简高效植棉技术(表 6-1)。要点如下。

表 6-1　西北内陆集中成熟轻简高效栽培技术的效果

环节	集中成熟轻简高效栽培技术的先进性及应用效果
种	①根据盐碱程度、底墒大小、地力条件和淡水资源,灵活选择秋冬灌或春灌、膜下春灌和滴水出苗等节水造墒播种方式,并实行年际交替轮换,实现节水与养地结合; ②"膜上单粒精准播种,宽膜覆盖边行内移增温,适时适量滴水增墒"等保苗壮苗技术,实现了干旱低温条件下的一播全苗壮苗,保障了稳健基础群体的构建
管	①优化株行距、化学封顶与水肥运筹结合实现免整枝自然封顶,比人工整枝打顶平均省工 18 个/hm²,效率提高 3 倍以上; ②改传统滴灌(滴灌 5~6 次,每次饱和灌溉)为分区交替滴灌(滴灌 8~10 次,常规滴灌与亏缺滴灌交替);减基肥、增追肥,减氮肥、补微肥;施肥量与每次灌水量协同,与棉株需肥规律匹配,实现水肥协同管理,水肥利用率提高 20%~30%,节水 20%以上、省氮肥 10%~20%
收	①构建"降密健株型"群体结构,株高增加 15%~20%,节枝比增加 10%~25%,非叶绿色器官对产量的贡献率提高 30%以上; ②霜前花率提高了 2~3 个百分点,群体通透,脱叶率达到 92%以上,有效缓解了脱叶效果差、机采籽棉杂质多等问题
综合效果	①平均省工 30.3%,减少物化投入(水、氮肥、药)10%~20%,增产 5.5%; ②脱叶率提高了 3~5 个百分点,机采棉含杂显著减少,原棉品质显著提高; ③人均管理棉田由过去 5~10 亩提高到了 50~100 亩

1)条件要求。轻简高效植棉技术对地力没有特别要求。但是,符合以下条件的棉田更能发挥出该技术节本增效的潜力:土地平整,地力中等以上,耕层深厚,土壤有机质含量不低于 1.0%,土壤速效氮(N)50 mg/kg 以上,速效磷(P$_2$O$_5$)17 mg/kg 以上,速效钾(K$_2$O)150 mg/kg 以上,土壤含盐量<0.3%。

选择高产、抗病、优质、抗逆、早熟性好,叶片大小适中、对脱叶剂敏感、含絮力适中的棉花品种。采用化学脱绒、精选、种衣剂包衣、发芽率≥90%的种子。

2)深翻或深松。根据盐碱程度、底墒大小、地力条件和淡水资源,灵活选择传统秋冬灌或春灌、膜下春灌和滴水出苗等节水造墒播种方式,并实行年际交替轮换。冬灌前深翻或深松然后冬灌最佳,没有条件冬灌的棉田也可先深松,深松后次年浇春灌水。同一棉田间隔 2~3 年深松一次为宜,其中黏土棉田 2 年深松一次；壤土棉田可 3 年深松一次；壤土或砂性壤土棉田深松的深度为 40 cm；表层为壤土、下层为黏土或均为黏土的棉田，深松深度以 50 cm 为宜。从深松效果来看，翼铲式深松铲对犁底层破坏不彻底，容易形成大小不一的坚硬土块；弯刀式深松铲对耕层土壤的搅动效果较好，对犁底层破坏均匀、充分，推荐使用；凿型振动式深松铲介于两者之间。结合深耕或深松、冬灌或春灌，耙耱整平。

3）精量播种。当土壤表层（5 cm）稳定通过 12℃ 时即可播种。使用智能化精量播种机械，铺滴灌带、喷除草剂、覆膜、打孔播种等工序一并进行。采用 2.05 m 地膜，1 膜 6 行，按行距 66 cm+10 cm 配置；或者 1 膜 3 行，行距 76 cm，株距 5.6～8.8 cm。膜上打孔，精准下种，下子均匀，一穴一粒，空穴率小于 3%，播深 2～2.5 cm。采用干播湿出棉田，及时滴出苗水，滴水量 120～150 m³/hm²。

4）株行距和膜管配置。一般棉田继续推行 66 cm+10 cm 的配置方式，但要适当降低密度、合理增加株高，滴灌带铺设在窄行内，"1 管 3" 改为 "1 管 2"；条件较好的棉田大力推行 76 cm 等行距种植，实收密度 12 万～15 万株/hm²，每行棉花配置 1 条滴灌带，即 "1 管 1"，采用单株生产力较大的棉花品种与之配套。

5）合理密植。采用 66 cm+10 cm 配置方式时，实收密度 15 万～20 万株/hm²，盛蕾期、初花期和盛花期株高日增长量分别以 0.95 cm、1.30 cm 和 1.15 cm 比较适宜，最终株高 75～85 cm。其中，采用 1 膜 3 行 76 cm 等行距种植时，实收密度降至 15 万株/hm² 左右，株高 80～90 cm。

6）科学施肥。提倡秸秆还田，在此基础上，采用"以追为主、基追结合；适当减氮，氮磷钾和微量元素配合"的原则施肥。肥料为有机肥（厩肥或油渣）配合化肥或只施化肥，其中，厩肥用量为 30 t/hm² 左右或油渣 1200～1500 kg/hm²；化肥为氮肥、磷肥、钾肥、锌肥，纯 N 用量 225～300 kg/hm²，P_2O_5 用量 130～200 kg/hm²，K_2O 用量不超过 100 kg/hm²，Zn 用量 3～6 kg/hm²。有机肥全部作基肥，化肥中 20%～30%氮肥、65%～100%磷肥、40%～50%钾肥和 80～100%锌肥作为基肥，其余作为滴灌追肥，全生育期 9～11 次随水滴施方式施入土壤中，滴施肥料的形式以水溶性滴灌专用肥最好。

7）水肥协同。改传统滴灌（滴灌 5～6 次，每次饱和灌溉）为膜下分区滴灌（滴灌 10～12 次，常规滴灌与亏缺滴灌依次交替）；实行水肥协同管理，即减基肥、增追肥；减氮肥，补施微量元素；肥料用量与每次灌水量协同，与棉株需肥量匹配。新疆南部秋耕冬灌 2250～3000 m³/hm²，未冬灌棉田播前进行春灌，灌水量为 1500～2250 m³/hm²，春灌应在 3 月 25 日左右结束。冬灌地墒情差的要适量补灌，灌水量为 1200 m³/hm² 左右。生育期滴水除头水外，基本上实行"一水一肥"、"少吃多餐"，实行蕾期（6 月）轻施，花铃期（7 月）重施，盛铃期（8 月）增施。新疆北部采用"干播湿出"模式棉田，仍提倡播前灌（带茬灌或冬灌），棉花播种后适时适量滴灌，一般滴水 120～225 m³/hm²。根据棉花生育进程，6 月上中旬开始滴灌，平均每隔 6～9 d 滴灌一次，轮灌周期前中期 5～9 d，后期 7～9 d，实行常规滴灌与亏缺滴灌交替。

8）精准化控。以适当降密、适增株高为目标，在传统化控技术的基础上适当调减化控次数和用量：棉花出苗显行后进行第一次化控，缩节安用量为 15～20 g/hm²。2～3 叶期喷施缩节安 20～30 g/hm²，以促进稳健生长，长根蹲苗。在 5 月底 6 月初需对棉田进行缩节安调控一次，用量为 30～40 g/hm²。对于盛蕾期的旺苗棉田，用量为 35～50 g/hm²；初花期灌头水的壮苗、旺苗棉田，头水前用缩节安 35～50 g/hm²。另外，结合不同品种对缩节安的敏感程度，合理调整用量。根据棉田群体大小，7 月初喷缩节安 35～50 g/hm²。打顶 10 d 后，当顶端果枝伸长 10～15 cm 时，喷缩节安 90～120 g/hm²。66 cm +10 cm 配置的棉田取其上限推荐用量，76 cm 等行距棉田取其下限推荐用量。推行化学封顶代替传统人工打顶，塑造通透群体，优化成铃、集中吐絮，提高脱叶率。

9）脱叶催熟。脱叶催熟方案较多，可从以下 5 种方案中任选一种：54%脱吐隆 150～190 ml/hm²+伴宝 450～750 ml/hm²+40%乙烯利 1000～1500 ml/hm²，80% 噻苯隆 450～525 ml/hm²，哈威达 120 ml/hm²+乙烯利 1500 ml/hm²，脱落宝 600 ml/hm²+乙烯利 1500 ml/hm²，80%瑞脱龙 300～375 g/hm²+乙烯利 1000～1200 ml/hm²，药剂混合后兑水配成 450～750 L/hm² 工作液喷施。若棉花长势偏旺，需提前喷施药剂。若脱叶效果不佳或后期降温过快，7 天后进行二次脱叶，第二次脱叶喷施脱吐隆 375 ml/hm²+乙烯利 1500 ml/hm² 或 80%噻苯隆 675～750 ml/hm² 兑水 450～600 L/hm²。

要求施药后 7～10 d 内日平均温度不低于 18℃，施药前后 3～5 d 内最低气温不低于 12℃，施药后 24 h 无雨。施药时气温越高脱叶催熟效果越好，不宜在气温迅速下降前的高温时施药；要求棉田自然吐絮率达到 40%，上部棉桃铃期 40 d 以上时喷施脱叶剂。新疆南部一般年份应在 9 月 15～25 日，新疆北部一般年份应在 9 月 5～15 日，通常新疆北部喷施两次。选择使用离地间隙距离 70～80 cm 的高架喷施机械（主要指拖拉机和喷雾机）或飞机喷施。

需要注意的是，在喷施脱叶催熟剂后，不同时间段的叶片脱落率存在显著差异，以喷施后（7.0±1.0）d 的脱落率最高，而且影响叶片脱落率的温度因子因时间段不同而有较大差异。在喷施脱叶催熟剂后 7 d 左右是实现良好脱叶效果的关键时间段，其间的最高温度和每日≥12℃有效积温是影响叶片脱落率的关键因子。在新疆棉区喷施脱叶催熟剂后 7.0 d 至少实现叶片脱落率大于 55%，要求该时间段的最高温度大于 27.2℃、每日≥12℃有效积温大于 7.0℃·d（田景山等，2019）。

6.1.2 黄河流域一熟制棉花集中成熟轻简高效栽培技术

长期以来，黄河流域一熟制棉花一直采取早播早发、适中密度构建"中密中株型"群体的栽培路线：4 月中下旬播种，种植密度 4.5 万～6 万株/hm^2，大小行种植（大行 90～100 cm、小行 50～60 cm），株高 120 cm 左右，精细整枝，人工多次收花。这一传统高产栽培技术路线被该区棉农普遍接受。试验研究和生产实践证明，现行栽培技术通过地膜覆盖提高地温实现早播种，显著延长了棉花的生长发育期，满足了棉花作物无限生长特性的要求，使个体生长发育和产量品质潜力得到了较好发挥；同时，中等密度形成中等群体，便于棉田管理，棉花产量也比较稳定，特别是采用大小行种植，地膜覆盖小行，大行裸露，不仅节省地膜，还十分便于在大行中进行农事操作。但这一栽培路线也存在一系列限制棉花产量、品质和效益进一步提高的问题：一是早播棉花易受低地温的影响，较难实现一播全苗，这在鲁北植棉区的滨海盐碱地更为困难，缺苗断垄现象时有发生；二是受棉花单株载铃量的限制，在中等群体条件下，单位面积的总铃数较少（一般在 75 万个/hm^2 以下），很难进一步提高；三是中等群体下早播早发棉花的结铃期很长，伏前桃易烂、伏桃易脱、秋桃较轻，导致全株平均铃重较低；四是早发棉花极易早衰，一旦早衰则导致大幅度减产；五是这一栽培路线需要精耕细作、多次采收，管理和收获烦琐，费工费时。可见，按照这一技术路线，实现集中成熟、机械收获、棉花产量和效益的新突破难度很大，不符合新形势的要求。

基于此，黄河流域棉区棉花生产健康发展要走集中成熟轻简高效植棉的路子，其具体技术路线是"增密壮株、集中成铃"：播种期由 4 月中旬推迟到 4 月底 5 月初，通过适当晚播减少伏前桃数量，相应地减少烂铃；通过提高密度、科学化控免整枝，种植密度由 4.5 万株/hm^2 左右提高到 9 万株/hm^2 左右；加大化控力度，株高控制在 100 cm 以下，促进棉花集中成铃，最终使棉花结铃期与黄河流域棉区最佳结铃期吻合同步，使棉花多结伏桃和早秋桃，实现集中成熟、机械收获、轻简高效（董建军等，2016）。技术要点如下。

1）单粒精播、适期晚播

为使棉花结铃期与山东棉区的最佳结铃期吻合，并适当控制伏前桃的数量，减少烂铃，播种期要在传统播种日期的基础上适当推迟 10 d 左右。春棉品种于 4 月 25 日至 5 月 5 日播种；可以露地栽培，也可以覆膜栽培，但要注意及时放苗，以防高温烧苗。

播种时采用精量播种机实行单粒精播、种肥同播。基本流程是，在整地、施肥、造墒的基础上，在适宜播种期，采用精量播种机，按预定行距、株距和深度（2～2.5 cm）将高质量的单粒棉花种子播种下去，每公顷用种 22.5 kg 左右，盐碱地适当加大播种量至 25 kg，同时在播种种行下深施肥，表面喷除草剂，覆盖地膜，使种子获得均匀一致的发芽条件，促进每粒种子发芽，达到苗全、苗齐、苗壮的目的。覆膜棉花全苗后及时放苗，以后不再间苗、定苗，保留所有成苗形成产量。这一措施较传统播种节约用种 50% 以上，每公顷省工 15 个以上，且播种效率大幅度提高。

2）精简中耕、蕾期破膜培土

20 世纪 80 年代及以前，棉花全生育期需要中耕 7～10 次，分别是苗期中耕 4～5 次，蕾期中耕 2～3 次，开花以后根据情况中耕 1～2 次。之所以中耕这么多次，一方面是受当时机械化程度低的限制，棉田整地质量较差，需要多次中耕予以弥补，而且没有广泛应用除草剂，需要结合中耕进行人工多次除草；另一方面是当时多数棉田不进行地膜覆盖，便于中耕，加之人多地少的国情，更促进了这一技术的普及。20 世纪 90 年代以后，随着机械化水平提高，整地质量也随之提高，特别是化学除草剂和地膜覆盖技术的广泛应用，使棉田中耕次数大大降低，黄河流域棉区已由过去的 7～10 次减少至 3～5 次，并有进一步减少的趋势。

根据试验研究和生产实践，棉田中耕仍是必要的，但可以由现在的 4～5 次减少为 2 次左右。也就是说可以根据劳动力和机械情况，将棉田中耕次数减少到 2 次左右，分别在苗期（2～4 叶期）和盛蕾期进行，也可以根据当年降雨、杂草生长情况对中耕时间和中耕次数进行调整。但是，6 月中下旬盛蕾期前后的中耕最为重要，一般不要减免，可视土壤墒情和降雨情况将中耕、除草、施肥、破膜和培土合并进行，一次完成。若 2～4 叶期中耕，则中耕深度 5～8 cm；若 5～7 叶期中耕，则中耕深度可达 10 cm 左右。为确保中耕质量，提高作业效率，减少用工，可采用机械，于盛蕾期把深中耕、锄草和培土结合一并进行，中耕深度 10 cm 左右，把地膜清除，将土培到棉秆基部，利于以后排水、浇水。行距小和大小行种植的棉田可隔行进行。

3）合理密植免整枝

整枝的目的在于控制叶枝和主茎顶的生长，即用农艺技术或化学药剂控制棉花叶枝和顶端生长，减免抹赘芽、去老叶、去空果枝和打顶等传统整枝措施。要实现简化整枝而不减产、降质，需要配套品种、水肥运筹、化学调控与合理密植等技术措施的有机融合。根据试验和示范，黄河流域棉区收获密度以 7.5 万～9.0 万株/hm^2 较适宜，过低，起不到控制叶枝生长发育的效果，过高，则给管理带来很大困难；由大小行种植（大行 90～100 cm、小行 50～60 cm）改为等行距 76 cm 种植；由窄膜（90 cm）覆盖 2 个小行改为中膜（120 cm）覆盖 2 行或者露地栽培；株高控制在 90～100 cm，以小个体组成优化成铃、集中吐絮的大群体夺取高产。

关于化学封顶，当前国内外使用最多的植物生长调节剂是缩节安和氟节胺，也有两者配合或混配使用的报道。缩节安在我国棉花生产中作为生长延缓剂和化控栽培的关键药剂已经应用了 30 多年，人们对此也比较熟悉。在前期缩节安化控的基础上，棉花正常打顶前 5 d（达到预定果枝数前 5 d），用缩节安 75～105 g/hm² 叶面喷施，10 d 后，用缩节安 105～120 g/hm² 再次叶面喷施，可以比较好地控制棉花主茎和侧枝生长，降低株高，减少中上部果枝蕾花铃的脱落，提高座铃率。需要注意的是，化学封顶的效果还受棉花品种和水肥运筹的影响，因此要选择适宜的品种，科学运筹肥水，实现载铃自然封顶。

4）节水灌溉、轻简（一次性）施肥

灌溉和施肥是棉田重要的管理措施，是棉花高产的重要保证。黄河流域棉田灌溉改长畦为短畦，改宽畦为窄畦，改大畦为小畦，改大定额灌水为小定额灌水，整平畦面，保证灌水均匀。

经济施肥是用最低的施肥量、最少的施肥次数获得最高的棉花产量，这是棉花施肥的目标。要实现这一目标，必须尽可能地提高肥料利用率，特别是氮肥的利用率。棉花的生育期长、需肥量大，采用传统速效肥料一次基施，会造成肥料利用率低；多次施肥虽然可以提高肥料利用率，但费工费时。从节约用肥、提高肥料利用率的角度来看，在适增密度、适当晚播的前提下，一方面可以适当减少氮肥用量；另一方面可以减少施肥次数，即速效肥要在施足基肥的基础上，一次性追施，或者速效肥与缓/控释肥配合可以一次性基施，以后不再追肥。具体轻简（一次性）施肥方案如下。

一次性追施速效肥。在施足基肥的基础上，一次性追施速效肥，基施 N、P_2O_5 和 K_2O 分别为 105 kg/hm²、120 kg/hm² 和 180 kg/hm²，开花后追施纯 N 90～120 kg/hm²。

一次性基施控释肥。采用速效肥与控释氮肥结合，一次性基施。95 kg/hm² 控释氮+105 kg/hm² 速效氮，P_2O_5 90～120 kg/hm²，K_2O 150～180 kg/hm²，种肥同播，播种时施于膜内土壤耕层 10 cm 以下，与种子水平距离 5～10 cm，以后不再追肥。

配套措施。实行棉花秸秆还田并结合秋冬深耕是改良培肥棉田地力的重要手段。若用秸秆还田机粉碎还田，应在棉花采摘完后及时进行，作业时应注意控制车速，过快，则秸秆得不到充分的粉碎，秸秆过长；过慢，则影响效率。一般以秸秆长度小于 5 cm 为宜，最长不超过 10 cm；留茬高度不大于 5 cm，但也不宜过低，以免刀片打土增加刀片磨损和机组动力消耗。

5）科学化控、集中吐絮

在合理密植的条件下，一般自 3～4 叶期开始喷施缩节安，坚持"少量多次、前轻后重"的原则，控制棉花最终株高在 90～100 cm。参考缩节安化控方案为，3～4 叶期 15 g/hm²、现蕾期 22.5 g/hm²、盛蕾期 30 g/hm²、初花期 37.5 g/hm²、人工打顶后喷施缩节安 45～60 g/hm²。若采用化学封顶，棉花正常打顶前 5 d（达到预定果枝数前 5 d），用缩节安 75～105 g/hm² 叶面喷施，10 d 后用缩节安 105～

120 g/hm^2 再次叶面喷施，以控制棉花主茎顶和侧枝生长。

采用"晚密优"栽培模式棉花结铃吐絮较为集中，一般人工采收 2 次即可。有条件的地方可在脱叶催熟的基础上采用采棉机采收。若采用机械采收，需要进行化学脱叶。一般以上部棉桃发育 40 d 以上、田间吐絮率达到 60%（一般为 9 月 25 日至 10 月 5 日），且施药后 5 d 日均气温≥18℃并相对稳定时开始喷洒脱叶剂脱叶。对脱叶剂的要求是，脱叶性能好、温度敏感性低、价格适中，以噻苯隆和乙烯利混用效果较好。一般 50%噻苯隆可湿性粉剂 3000~4500 g/hm^2 和 40%乙烯利水剂 2.25~3.0 L/hm^2 混合施用。

总之，黄河流域棉区以"增密壮株、集中结铃"为核心的棉花集中成熟轻简高效栽培技术，把播种期由 4 月中旬推迟到 4 月底 5 月初，单粒精播免间苗、定苗；把种植密度提高到 9 万~10 万株/hm^2、收获密度提高到 7.5 万~9 万株/hm^2，改大小行种植为等行距 76 cm 种植，通过适当晚播控制烂铃和早衰，通过合理密植和水肥药综合调控抑制叶枝生长和主茎顶端生长，进而免整枝并控制株高。盛蕾期适时揭膜培土，在施足基肥的基础上见花一次性追施，或缓/控释肥与速效肥的复混肥一次性基施实现轻简施肥，促进根系发育；晚播、增密、控冠、壮根，实现优化成铃、集中吐絮，保障集中（机械）采收。这一栽培模式由于免去了间苗、定苗、人工整枝等环节，减少了多次施肥、多次收花工序，平均省工 32.5%、减投 9%、增产 5.8%（表 6-2）。

表 6-2　黄河流域一熟制棉花集中成熟轻简高效栽培技术的效果

环节	集中成熟轻简高效栽培技术的先进性及应用效果
种	①单粒精播、种肥同播，比传统播种节约种子 50%以上，省工 15 个/hm^2 以上； ②解决了带壳出苗和高脚苗问题，省去了间苗、定苗环节
管	①合理密植配合化学封顶实现了免整枝，比人工精细整枝平均省工 22.5 个/hm^2，效率提高 5 倍以上； ②一次性追施速效肥或一次性基施缓/控释肥较多次施用速效肥，氮肥量减少 15%~20%，利用率提高 30%以上，省工 15 个/hm^2
收	①构建"增密壮株型"群体，伏桃和早秋桃所占比例 85%以上，实现了集中吐絮； ②实现了集中（机械）采收，缓解了烂铃、早衰等问题，省工 30~45 个/hm^2
综合效果	①平均省工 32.5%、减少物化投入 12%、增产 9.8%； ②人均管理棉田长江和黄河流域由过去 3~5 亩提高到了 30~50 亩； ③棉花烂铃早衰减轻、纤维一致性显著提高，实现了集中（机械）采收

6.1.3　长江流域与黄河流域两熟制棉花集中成熟轻简高效栽培技术

针对套种棉花不利于机械化的难题，改套种为直播，建立了大蒜（小麦、油菜）后直播早熟棉集中成熟轻简高效栽培技术：通过选用早熟棉（短季棉）品种，大蒜（小麦、油菜）收获后机械抢时播种（实现 5 月底 6 月初播种），6 月上旬齐苗，免间苗、定苗；控释复混肥一次性基施或盛蕾期一次性追施速效肥并减氮增钾，提高肥料利用率；合理密植结合化学封顶实现免整枝，建立"直密矮株型"群体，保障集中早吐絮和集中采摘，实现两熟制棉花生产的轻简化、机械化。根据多点试验示范结果，蒜后直播早熟棉较套种春棉籽棉产量低 14.5%，但平均省工约 35%，减少物化投入 30.3%，纯收入增加 79.4%（表 6-3）。

表 6-3　蒜后直播早熟棉与蒜套春棉投入、产量、产值和纯收入的比较

种植方式	籽棉产量 (kg/hm²)	产值 (万元/hm²)	投入			纯收入 (元/hm²)
			物化（元/hm²）	人工（万元/hm²）	合计（万元/hm²）	
蒜套春棉	4 441a	3.74a	8 538a	2.26a	3.11a	6 313b
蒜后直播早熟棉	3 797b	3.20b	5 950b	1.47b	2.07b	11 325a

注：根据 2015～2016 年在金乡县、巨野县 6 个点试验结果统计。籽棉售价按当时市场价 8.42 元/kg 计算。物化投入主要包括肥料、种子、农药、灌水等。每个工日按 60 元计算。每列数据标记不同字母表示差异显著（P<0.05）

"直密矮株型"群体是由传统"稀植大株型"群体改革发展而成的新型群体结构。蒜（麦）后直播早熟棉，行距 60～76 cm，株距 11.7～22.2 cm，收获密度 7.5 万～10.5 万株/hm²，最终株高 80～90 cm；群体果枝数 90 万～105 万个/hm²，群体果节数 250 万～300 万个/hm²，节枝比 2.5～3.0，群体有效成铃数 75 万～95 万个/hm²，伏桃和早秋桃占比 70%以上。

1）棉田地力条件

蒜（麦）后直播棉田要求地势平坦、土层深厚、地力中等以上。具有良好的排灌条件，旱能浇涝能排。

2）品种和种子要求

棉花选用高产优质、生育期 110 d 以内的早熟棉品种；大蒜或小麦选用高产优质、晚播早熟的品种。采用成熟度好、发芽率高的精加工脱绒包衣棉花种子，种子质量符合 GB 4407.1—2008《经济作物种子　第 1 部分：纤维类》规定。棉花播种前选择晴好天气，破除包装，晒种；做发芽试验，确定播种量。

3）播前整地

麦后采用免耕贴茬直播，小麦留茬高度不超过 20 cm，小麦秸秆粉碎长度不超过 10 cm，粉碎后均匀抛洒。蒜后及时清理残茬，采用免耕播种；也可耙耢整地后播种，或采用旋耕机浅旋耕（耕深 5～10 cm）后播种。每公顷用 48%氟乐灵乳油 1500～1600 ml，兑水 600～700 kg，均匀喷洒地表，耖地或耙耢混土后机械播种。

4）麦后早熟棉精量播种

小麦收获后，立即采用开沟、施肥、播种、镇压、覆土一次性完成的精量播种联合作业机直接播种，精量条播时用种量为 22.5 kg/hm²，精量穴播时用种量为 18 kg/hm² 左右。播后用 33%二甲戊灵乳油 2.25～3.0 L/hm²，兑水 225～300 kg/hm²

均匀喷洒地面。

5）蒜后早熟棉精量播种

大蒜收获后，采用多功能精量播种机抢时、抢墒播种，用种量为 18～22.5 kg/hm²。播后用 33%二甲戊灵乳油 2.25～3.0 L/hm²，兑水 225～300 kg/hm²均匀喷洒地面。

6）行距配置

一般采用等行距种植，行距为 60～70 cm，采用机械收获时可选用 76 cm。

7）简化管理

一是免间苗、定苗，自然出苗，出苗后不间苗、不定苗，实收株数 7.5 万～10.5 万株/hm²。二是简化中耕。盛蕾期前后将中耕、除草、追肥合并进行，采用机械一次完成。三是简化施肥，采用控释复混肥，一次性基施或种肥同播，施用 180 kg/hm² 控释 N（释放期为 90 d）、P₂O₅ 75 kg/hm²、K₂O 75 kg/hm²。采用速效肥，麦后早熟棉可采用"一基一追"的施肥方式，基施 N 100 kg/hm²、P₂O₅ 75 kg/hm²、K₂O 75 kg/hm²，盛蕾期追施 N 80 kg/hm²；蒜后早熟棉采用一次性追施速效肥的方法，盛蕾期追施 N 60 kg/hm²、P₂O₅ 37.5 kg/hm²、K₂O 45 kg/hm²。四是化控免整枝，全生育期化控 3～4 次。现蕾前后根据棉花长势和土壤墒情，喷施缩节安 7.5～15 g/hm²；盛蕾初花、打顶后 5 d 左右分别化控一次，喷施缩节安 22.5～60 g/hm²。

于 7 月 20 日前后人工打顶，株高控制在 70～90 cm。采用化学封顶，棉株出现 7～8 个果枝时，采用 45～75 g/hm² 缩节安喷施棉株，侧重喷施主茎顶和叶枝顶；7 d 后采用 75～90 g/hm² 缩节安进行第二次喷施，着重喷施主茎顶，实现自然封顶。缩节安可以和多数防治病虫害的药剂混合喷施，但不宜与碱性农药混配。

8）脱叶催熟

9 月 25 日前后或棉花吐絮率达 40%以上时开始脱叶催熟，7 d 后根据情况第二次喷施。采用 50%噻苯隆可湿性粉剂 450 g/hm²+40%乙烯利水剂 3000 ml/hm²，兑水 6750 kg/hm² 混合喷施。棉田密度大、长势旺时，可以适当加量。为了提高药液附着性，可加入适量表面活性剂。尽可能选择双层吊挂垂直水平喷头喷雾器。喷施时雾滴要小，喷洒均匀，保证棉株上、中、下层的叶片都能均匀喷有脱叶剂；在风大、降雨前或烈日天气禁止喷药作业；喷药后 12 h 内若降中量的雨，应当重喷。

9）集中采收

待棉株脱叶率达 95%以上、吐絮率达 70%以上时，即可进行人工集中摘拾或机械采摘。第一次采摘后，机械拔出棉株腾茬种大蒜或者种小麦，棉株地头晾晒，根据残留棉桃数量人工摘拾一次。也可采用专用机械将未开裂棉桃集中收获，喷施乙烯利或自然晾晒吐絮后一次收花。

综上所述，茬后直播早熟棉要以构建"直密矮株型"群体为主线。关键技术是抢茬直播、合理密植、简化整枝、矮化植株、一次性施肥、集中成熟、集中（机械）采摘（Lu et al.，2017）。早熟棉"直密矮株"轻简高效栽培技术为实现两熟制棉花生产的轻简化、机械化提供了技术支撑。虽然比套种春棉的产量略低，但平均省工 35%，减少物化投入 30%，纯收入大幅度提高，人均管理棉田由过去 2～3 亩提高到了 30～50 亩（表 6-4）。

表 6-4　两熟制棉花集中成熟轻简高效栽培技术的效果

环节	集中成熟轻简高效栽培技术的先进性及应用效果
种	①减免了劳动密集型的传统育苗移栽环节，实现了棉田两熟制条件下的播种机械化； ②茬后早熟棉机械精量播种与传统套种或茬后移栽相比，省工 80% 以上，效率提高 5 倍以上
管	①简化整枝配合化学封顶比人工精细整枝平均省工 22.5 个/hm²，效率提高 3 倍以上； ②一次基施缓/控释肥或速效肥一次性追施，施肥量减少 10%～15%，利用率提高 20%，省工 15 个/hm²
收	①构建"直密矮株型"群体，伏桃和早秋桃占比 70% 以上，实现了优化成铃、集中成铃； ②由传统采摘 4～5 次改为采摘 1～2 次或机械采摘，缓解了烂铃、早衰等问题，省工 30～45 个/hm²
综合效果	①平均省工 30%～50%，减少物化投入 30% 以上； ②人均管理棉田长江和黄河流域由过去 2～3 亩提高到了 30～50 亩； ③棉花烂铃、早衰减轻，纤维一致性显著提高

6.1.4　无膜短季棉集中成熟绿色高效栽培技术

短季棉是指生育期短、生长发育进程快、开花结铃集中、晚播早熟的棉花品种类型。近年来，我国短季棉育种取得巨大成就，育成的短季棉品种不仅早熟、丰产和抗逆，而且衣分和纤维品质也得到了显著改善，较好地克服了早期短季品种存在的衣分低、品质差等缺点。'中棉所 50'、'中棉所 67'、'新陆早 42 号'和'鲁棉 532'等短季棉品种的衣分可达 38%，纤维上半部平均长度≥28 mm，断裂比强度≥28 cN/tex，马克隆值在 4.8 以下。其中，山东棉花研究中心育成的'鲁棉 532'经原农业部棉花品质监督检验测试中心检测，2014 年和 2016 年纤维品质结果显示，纤维上半部平均长度分别为 30.4 mm 和 30.5 mm，断裂比强度分别为 30.8 cN/tex 和 31.9 cN/tex，马克隆值分别为 4.9 和 4.9，断裂伸长率分别为 6.5% 和 5.6%，反射率分别为 79.4% 和 78.3%，长度整齐度指数分别为 86.1% 和 84.5%，纺纱均匀性指数分别为 152.3 和 147.7，能很好地满足棉纺织工业的需求。利用短季棉生育期短的特性，在黄河三角洲及周围盐碱地种植短季棉，不需要地膜，减少了农药和化肥用量，实现了棉花的绿色可持续生产（表 6-5）。

主要技术要点如下。

1）播前准备。一是秸秆还田，棉花秸秆还田并结合秋冬深耕是改良土壤，特别是盐碱土壤、培肥地力的重要手段。棉花秸秆应在棉花收获完毕后 11 月上旬，

表 6-5　无膜短季棉集中成熟绿色高效栽培技术的效果

环节	无膜短季棉集中成熟绿色高效栽培技术的先进性及应用效果
种	①地膜覆盖播种改为露地直播，有效地解决了残膜污染问题； ②单粒精播比传统播种节约种子50%以上，省工15个/hm²以上，解决了带壳出苗和高脚苗问题
管	①免整枝自然封顶比人工精细整枝平均省工22.5个/hm²，效率提高3倍以上； ②一次性基施缓/控释肥或速效肥一次性追施，施氮量减少10%～15%，利用率提高20%，省工15个/hm²
收	①构建"直密矮株型"群体，伏桃和早秋桃占比75%以上，实现了优化成铃、集中成铃； ②由传统采摘4～5次改为采摘1～2次或机械采摘，缓解了烂铃、早衰等问题，省工30～45个/hm²
综合效果	①平均省工35%以上，减少物化投入7%～10%； ②人均管理棉田长江和黄河流域由过去3～5亩提高到了30～50亩； ③棉花烂铃、早衰减轻，纤维一致性显著提高

用还田机粉碎还田，粉碎后的秸秆长度以小于 5 cm 为宜。二是冬前整地，冬前结合秸秆还田，深翻松土 25～30 cm，根据情况平整土地。三是春季灌溉，在含盐量高于 0.3% 的盐碱地必须先用淡水压盐后再播种，可在播前 15 d 左右，根据盐碱情况灌水 1200～1500 m³/hm²。四是播前整地，春季等雨播种的棉田，雨后及时耙地耙耢；春季有条件灌溉的棉田，灌后及时耙耢保墒，结合耙地耙耢用 48%（质量分数）氟乐灵乳油 1.5～1.6 L/hm²、兑水 450 kg/hm²，在地表均匀喷洒，然后通过耙地或耙耢混土，防治多年生和一年生杂草。

2）露地播种。播种是无膜短季棉集中成熟绿色轻简高效栽培技术最为重要的环节之一，要掌握好播种时间、播种深度和播种量及杂草防除等。具体有以下几个方面。

品种选择。选用株型较紧凑、叶枝弱、赘芽少、早熟性好、吐絮畅、易采摘、品质好的棉花品种，如'鲁 54'、'鲁棉 532'和'中棉所 64'等早熟棉（短季棉）品种。如果是 5 月上旬播种，则宜选用生育期略长的早熟棉品种，如'K638'和'鲁棉 522'等。要求棉花种子脱绒包衣、发芽率不低于 80%、单粒穴播时发芽率不低于 90%，正规种子企业购买，以保证种子的真实性和一致性。

播种时期。短季棉适宜播种期较长，一般可以在 5 月 10 日至 6 月 5 日播种。对于压盐造墒的棉田，可以在 5 月 15～25 日播种；对于靠降水播种的棉田，要根据降水情况，选择合适的播种时间。需要注意的是，短季棉品种播种不能早于 5 月 10 日、不能晚于 6 月 5 日，以 5 月 20 日前后播种最好；'K638'和'鲁棉 522'等中早熟棉品种可于 5 月上旬播种。

播种要求。短季棉采用全程轻简化栽培管理，要求精量播种，可以采用单粒穴播，每穴播 1～2 粒，用脱绒包衣种子 15～22.5 kg/hm²；也可以条播，用脱绒包衣种子 22.5～30 kg/hm²，播种深度为 2.5～3 cm，均匀一致。机械播种，播种覆土后喷施二甲戊灵或乙草胺等覆盖地表，防止杂草发生。

种植密度。采用等行距，一般可选择行距 66 cm，机械采收棉田采用 76 cm。

棉花出苗后不间苗、不定苗，留苗密度为 9 万～12 万株/hm²、实收密度为 7.5 万～9 万株/hm²。

3）田间管理。短季棉可以较春棉减少施肥量 30%。具体用量是，氮肥（纯 N）150～180 kg/hm²，磷肥（P₂O₅）75～90 kg/hm²，钾肥（K₂O）150 kg/hm²，50%氮肥和全部磷钾肥作基肥施用，剩余氮肥于盛蕾期一次性追施。按照"少量多次、前轻后重"的原则进行化控，全生育期化控 3～4 次。根据棉花长势和天气情况，在棉花 4～5 叶期轻控 1 次，缩节安用量为 7.5 g/hm²；现蕾时，喷施缩节安 7.5～15 g/hm² 左右轻度化控 1 次；以后每隔 7～10 d 化控 1 次，用量为 15～45 g/hm²，逐次增量。在 7 月 20 日前后或单株果枝达到 8 个左右时人工打顶，生育期内不再采取任何其他整枝措施。也可采用化学封顶，在大部分棉株长出 7～8 个果枝时，用缩节安 45～75 g/hm² 喷施棉株，侧重喷施主茎顶和叶枝顶；7 d 后采用缩节安 75～90 g/hm² 进行第二次喷施，着重喷施主茎顶，实现自然封顶。缩节安可以和多数防治病虫害的药剂混合喷施，但不宜与碱性农药混配。严重干旱年份要浇"救命水"，特别是现蕾后 10 d 内棉花搭架子的关键时期，遇到严重干旱时要浇水。淡水资源严重缺乏的地区可以用微咸水灌溉，微咸水含盐量的临界值苗期为 0.2%，现蕾期至开花期为 0.3%，开花期之后为 0.4%～0.5%。

4）集中采收。一般棉花吐絮率在 60%以上时开始使用脱叶催熟剂，第一次在 9 月 25 日前后喷施，7 d 后根据情况再喷施 1 次。用 50%（质量分数）噻苯隆可湿性粉剂 450 g/hm²+40%（质量分数）乙烯利水剂 3000 ml/hm²，兑水 6750 kg/hm² 混合施用。棉田密度大、长势旺时，可以适当加量。为了提高药液附着性，可加入适量表面活性剂。尽可能选择双层吊挂垂直水平喷头喷雾器。喷施时要求雾滴小，喷洒均匀，保证棉株上、中、下层的叶片都能均匀着药。在大风、降雨前或烈日天气禁止喷药作业，喷药后 12 h 内若降中雨，应当重喷。待棉株脱叶率达 95%、吐絮率达 90%以上时，即可进行人工集中摘拾或机械采摘。

6.2 棉花集中成熟轻简高效栽培技术体系的推广应用

政府组织推动，农技推广部门、新型农业经营主体、科教机构和相关企业紧密结合，通过技术培训、高产展示、示范辐射等形式（图版 15），截至 2019 年，在黄河流域、长江流域和西北内陆棉区累计推广超过 1 亿亩，通过节本增效，新增经济效益 200 多亿元，培训农业技术人员和植棉农民 15 万多人次，培育新型农业经营主体 50 多个，特别是新疆利华（集团）股份有限公司引进该技术并在该企业流转的 100 多万亩棉田应用，不仅加快了该技术的示范推广，也支撑了企业集团的发展和壮大。研究成果受到国内外广泛关注，不仅作为全国主推技术在我国主要产棉区推广应用，还被国际棉花咨询委员会（ICAC）向世界主要产棉国家，特别是非洲国家进行了推介,该技术体系发挥了重要作用,产生了重要国际影响。

6.2.1　技术推广措施

该项目采用政府组织推动,农技推广部门、新型农业经营主体、科教机构和相关企业紧密结合,通过开展不同层次的技术培训、高产展示、新闻媒体宣传、建立示范区和辐射区,科技人员驻点指导、服务等多种形式,对棉花集中成熟轻简高效栽培技术体系进行了推广应用。

第一,充分发挥各地政府的组织推动作用。我国农业技术推广体系进入了一个多元化的新时代,但政府组织推动至关重要、必不可少。自 2010 年开始推广该技术以来,从中央到地方对轻简化植棉十分重视,把该技术作为转方式、调结构的关键技术:农业部将该技术确定为全国主推技术,山东省农业农村厅专门发文要求加快推广,许多县市也将推广该技术纳入农业生产的重点工作,组织召开了一系列现场会、观摩会和工作会议。各地政府的高度重视和采取的一系列支持措施为该技术的推广普及保驾护航。

第二,多机构团结协作共同实施。传统棉花生产技术推广主要通过农业技术推广机构,随着形势发展和现实需要,单纯依靠农业技术推广机构已不能满足棉花生产和市场需求。本项目在实施过程中,一方面继续依靠农业技术推广和科教机构,另一方面积极培植农民专业合作社、家庭农场等新兴农业经营主体,其中培育的东营市利津县春喜棉花专业合作社在适度规模植棉、轻简化植棉方面起到了重要的带头作用。同时,我们联合棉花种子企业、专用肥企业、农机企业甚至棉花加工企业,使他们加入到新技术推广服务中来,在服务过程中提高企业知名度。

第三,积极开展多层次的技术培训。自 2010 年以来,共开展不同层次的技术培训 500 多场次。其中,项目组和项目依托单位主办或组织的棉花轻简化生产技术相关培训班 102 场次,配合全国农业技术推广服务中心、5 省区(山东省、河北省、湖北省、安徽省、新疆维吾尔自治区)农业技术推广部门开展技术培训51 场次,配合市县农业局开展技术培训 313 场次,其他技术培训 34 场次。共培训相关技术人员和农民 10 万多人次,其中省市县乡农业技术推广人员和科技干部2 万多人次,植棉农民和相关企业技术人员 8 万多人次。累计发放书籍、挂图、明白纸等技术资料 30 多万份。

第四,充分利用多种媒体广泛宣传。先后在《农业知识》等杂志、《山东科技报》《农村大众》和《科技日报》等报纸、科学网等网站进行宣传;在山东电视台综合频道和农科频道介绍棉花轻简化栽培技术,多次在山东人民广播电台推介和宣传棉花轻简化栽培技术。

第五，发挥示范展示和驻点指导的作用。项目实施期间，每年培植 200 多个棉花轻简化栽培展示田，派出 50 多人次到田间地头指导棉花轻简化生产，有 20 多名中青年科技人员长期在项目区驻点开展技术服务，确保了新技术的快速本地化和到位率。

6.2.2 推广规模和效果

截至 2019 年 12 月，该技术在我国累计推广超过 1 亿亩，取得了显著的节本增产效果。

1）黄河流域棉区一熟制。在以山东、河北为代表的黄河流域一熟制棉区推广棉花集中成熟轻简高效栽培技术，累计 3000 多万亩。根据在示范辐射区的统计，平均增产皮棉 9.8%，减少用工 32.5%、物化投入 12%。

2）黄河流域和长江流域两熟制。在黄河流域和长江流域两熟制棉田推广棉花集中成熟轻简高效栽培技术，累计推广 2000 多万亩。平均增产 6.7%，省工 14.1%，节肥 18%。

3）西北内陆棉区。在西北内陆棉区推广以优化成铃和提高脱叶率为核心的棉花集中成熟轻简高效栽培技术，累计推广 5000 多万亩。平均增产皮棉 5.5%，省工 30.3%，节水 15.5%，减氮肥 15%。

4）其他国家和地区。

国际棉花咨询委员会（ICAC）积极向全球推介棉花集中成熟轻简高效栽培技术。我们利用政府间合作项目也不断向世界产棉国家推介该技术。目前，在苏丹、柬埔寨、塔吉克斯坦、尼日利亚已经有较大规模的推广面积。

6.2.3 社会生态效益

1）推动了棉花栽培科学发展。棉花单粒精播成苗壮苗机制、合理密植调控叶枝生长发育的机制、不同区棉花氮素营养规律、部分根区灌溉节水抗旱机制的揭示，丰富发展了棉花栽培学理论；单粒精播壮苗技术、免整枝技术、膜下分区交替滴灌技术和水肥协同技术的创建，极大地推动了棉花栽培技术的升级换代，促进了我国棉花科技的进步。

2）促进了我国棉花生产方式的加速转变。该项目建立了分别适于西北内陆、黄河流域和长江流域棉区的棉花集中成熟轻简高效栽培技术，形成了完整的技术体系，解决了我国棉花种植用工多、投入大、效率低、集中收获难等限制棉花生产可持续发展的突出问题，促进了我国棉花生产从传统劳动密集型、资源高耗型向轻简高效型、资源节约型的历史性跨越。

3）培育了多个新型农业经营主体，提升了农民植棉技术水平。本项目实施过程中培育了 35 个新型农业经营主体。累计举办各级各类培训班 2000 多场次，直接培训农技人员和农民 15 万人次。累计发放书籍、挂图、明白纸等技术资料 30 多万份，提高了项目区农民的植棉技术水平。

4）扩大了中国棉花栽培科学的国际影响力。在国际主流学术杂志发表了一系列 SCI 论文，参与编写英文专著 *Cotton Research*，建立的栽培技术被国际棉花咨询委员会（ICAC）积极推介，成果主要完成人应邀在一系列国际学术会议上做报告，项目第一完成人当选为国际棉花研究会（ICRA）执委、国际主流农学杂志 *Field Crops Research* 主编等，标志着棉花集中成熟轻简高效栽培技术越来越被国际同行认可和重视，扩大了中国棉花栽培科学的国际影响力。

5）取得了显著的生态效益。棉花集中成熟轻简高效栽培技术提高了水肥利用率，节水 20% 以上，省氮肥 10%～20%，减少了淡水资源的消耗和棉田面源污染；无膜短季棉集中成熟绿色高效栽培技术避免了残膜污染，取得了显著的生态效益。

6.3 客 观 评 价

6.3.1 第三方评价结论

2019 年 6 月，中国农学会邀请于振文、陈温福、喻树迅、陈学庚、赵振东、张洪程院士，周建民、杨祁峰、毛树春、周治国和段留生等专家对棉花集中成熟轻简高效栽培技术成果进行了第三方评价。评价专家一致认为，"针对传统植棉群体结构不合理、投入大、效率低、集中收获难等突出问题，以构建集中成熟、轻简节本的棉花高效群体为核心，研究突破了高效群体调控关键技术及其理论机制，集成创建棉花集中成熟高效栽培技术体系，实现了棉花轻简化生产，是我国棉花栽培领域的重大创新，达到国际领先水平"（图版 16c）。

6.3.2 省部级科技奖励

"棉花轻简化丰产栽培技术体系及在主产棉区的应用"获得 2017 年山东省科技进步奖一等奖；"棉花轻简化丰产栽培关键技术与区域化应用"获得 2016～2017 年度神农中华农业科技奖一等奖；"转基因抗虫棉早衰的生理机制及调控技术"获得 2012 年河北省科技进步奖一等奖；"优良棉花品种选育及配套高产高效技术集成示范"获得 2018 年新疆维吾尔自治区科技进步奖一等奖。

6.3.3 检索查新结论

中国农业科学院科技文献信息中心查证现有国内外文献显示：①棉花单粒浅

播调控弯钩形成和下胚轴伸长的成苗壮苗机制与单粒精播保苗壮苗技术；②合理密植抑制棉花叶枝生长发育的机制与棉花免整枝技术；③部分根区灌溉通过叶源茉莉酸长距离信号分子调控根系吸水的机制与膜下分区交替滴灌技术；④棉花集中成熟高效群体及其构建技术，在所查国内外文献中未见他人相同或相似报道，具有首创性或新颖性。

6.3.4　国际组织评价和会议报告

总结本研究成果形成的"中国特色棉花栽培技术"一文被国际棉花咨询委员会（ICAC）的官方杂志 *ICAC Recorder* 收录［2015，33（2）：15-24］，并翻译成多种语言积极向全球产棉国家推介。*ICAC Recorder* 还以"棉花轻简化栽培关系非洲"（Light and Simplified Cultivation（LSC）Techniques and Their Relevance for Africa）［2018，36（4）：15-22］为题积极向非洲推介。

成果主要内容先后在第五届国际棉花研究大会（WCRC-5，2011 年，印度新德里）、第六届国际棉花研究大会（WCRC-6，2016 年，巴西戈亚尼亚）和太阳岛科技论坛系列活动之作物光合和荧光应用深度挖掘会国际研讨会（2018，中国大庆）上报告。其中，项目第一完成人董合忠主持了 WCRC-6"精准农业和棉花生理"专题会议，所做的"中国特色棉花轻简化栽培技术"报告引起了极大反响。

6.3.5　论文发表和特邀评述

发表学术论文 300 多篇。其中，涉及部分根区灌溉、单粒精量播种、叶枝生长发育调控、氮素营养规律等关键理论和技术的相关文章分别发表在 *Plant Physiology*、*Field Crops Research*、*European Journal of Agronomy* 等国际主流学术期刊和《中国农业科学》《作物学报》等国内核心期刊上。至 2019 年 11 月累计被引用 3000 多次，其中他引 2000 多次，被 SCI 引用 1000 多次。

应爱思唯尔（Elsevier）出版集团的邀请，成果主要完成人为其旗下知名期刊 *Field Crops Research* 撰写评述文章"从精耕细作到轻简栽培——中国棉花栽培技术的成就、挑战和对策"，"西北内陆棉花丰产简化栽培技术评述"和"中国棉花轻简高效栽培的理论基础与关键技术"，分别于 2014 年（155 卷 99-110 页）、2017 年（208 卷 18-26 页）和 2017 年（214 卷 142-148 页）发表。

应《作物学报》邀请，董合忠等撰写评述文章"棉花轻简化栽培关键技术及其生理生态学机制"，于 2017 年［43（5）：631-639］发表。应《棉花学报》邀请，张冬梅等撰写"论棉花轻简化栽培"评述文章，于 2019 年［31（2）：163-168］发表。应《中国农业科学》邀请，董合忠等撰写"基于集中收获的新型棉花群体结构"，于 2018 年［51（24）：4615-4624］发表。

6.3.6　农业行政部门评价

成果主要技术内容"棉花高产简化栽培技术","棉花专用配方缓控释肥技术"和"黄河流域高效轻简化植棉技术"三套技术被农业部确定为全国棉花主推技术。

山东省农业农村厅专门发文（鲁农棉字〔2017〕第 6 号）指出，"山东棉花研究中心等单位在多年试验研究的基础上，形成了以机械精播、合理密植、集中成铃为核心的棉花轻简化丰产栽培技术。该技术具有轻便简捷、省工节本、提质增效的显著效果，对促进转变棉花生产方式，优化生产结构，稳定和发展现代棉花生产具有重要意义。请结合当地实际，加快示范应用推广"。

山东省农业专家顾问团认为本项目形成的"晚密简"栽培技术，是棉花轻简节本、提质增效的关键支撑技术，具有良好的推广应用前景，并以"晚密简栽培技术模式为棉花生产节本增效提供技术支撑"为专题向山东省委省政府和各市农业局进行了推介。

6.3.7　农业部优秀创新团队

基于在轻简化植棉研究等方面的重要贡献，本项目主持人及领导的课题组被农业部表彰命名为"全国农业科研杰出人才及其创新团队"，并获得 2014~2015 年度神农中华农业科技奖优秀创新团队奖。

参 考 文 献

董合忠. 2016. 棉蒜两熟制棉花轻简化生产的途径——短季棉蒜后直播. 中国棉花, 43(1): 8-9.
董建军, 李霞, 代建龙, 等. 2016. 适于机械收获的棉花晚密简栽培技术. 中国棉花, 43(7): 35-37.
李霞, 郑曙峰, 董合忠. 2017. 长江流域棉区棉花轻简化高效栽培技术体系. 中国棉花, 44(12): 32-34.
田景山, 王文敏, 王聪, 等. 2016. 机械采收对新疆棉纤维品质的影响. 纺织学报, 37(7): 13-17.
田景山, 张煦怡, 张丽娜, 等. 2019. 新疆机采棉花实现叶片快速脱落需要的温度条件. 作物学报, 45: 613-620.
Lu HQ, Dai JL, Li WJ, et al. 2017. Yield and economic benefits of late planted short-season cotton versus full-season cotton relayed with garlic. Field Crops Research, 200: 80-87.
Tian JS, Zhang XY, Zhang WF, et al. 2017a. Leaf adhesiveness affects damage to fiber strength during seed cotton cleaning of machine-harvested cotton. Industrial Crops & Products, 107: 211-216.
Tian JS, Zhang XY, Zhang YL, et al. 2017b. How to reduce cotton fiber damage in the Xinjiang. China? Industrial Crops & Products, 109: 803-811.

附录 主要知识产权目录

1. 发明专利

代建龙, 董合忠, 埃内吉, 李维江, 张冬梅, 唐薇. 一种采用化学封顶的晚密简棉花栽培方法: ZL201610033887.3.

代建龙, 董合忠, 李维江, 卢合全, 李振怀, 罗振, 唐薇, 张冬梅, 辛承松, 孔祥强. 一种棉花收获前脱叶效果的快速鉴定方法: ZL201410064078.x.

代建龙, 董合忠, 李维江, 卢合全, 李振怀, 唐薇, 张冬梅, 孔祥强, 罗振, 辛承松. 一种棉花脱叶催熟悬浮剂及其施用方法: ZL201410062858.0.

代建龙, 董合忠, 罗振, 李维江, 唐薇, 张冬梅, 孔祥强, 辛承松, 徐士振. 一种机采棉除杂控制系统: ZL201510205729.7.

董合忠, 李维江, 汝医, 代建龙. 无级调距式膜上精量播种机: ZL201410725608.0.

李存东, 刘连涛, 孙红春, 张永江. 防控棉花早衰的复配剂及使用方法: ZL20141029863 4.X.

李存东, 孙红春, 刘连涛, 张永江. 一种棉花缓释肥及其施用方法: ZL2011104310554.

刘连涛, 李存东, 孙红春, 张永江. 一种根系冲洗装置和根系冲洗方法: ZL2014101625908.

罗振, 埃内吉, 董合忠, 辛承松, 李维江, 唐薇, 张冬梅. 一种适应于盐碱旱地砂性土壤棉田的土壤改良剂: ZL201610034229.6.

罗振, 董合忠, 孔祥强, 代建龙, 李维江, 唐薇, 张冬梅, 辛承松. 一种微损伤韧皮部收集棉花伤流液的方法: ZL201510053386.7.

罗宏海, 张旺锋, 赵思峰, 韩春丽, 张亚黎, 李锦辉. 一种棉花连作高产的栽培方法: ZL201410328322.9.

孙东霞, 宫建勋, 张爱民, 糕冬玲, 李伟, 刘凯凯, 王仁兵, 宋德平, 王欢成, 王振伟, 刘淑安, 张瑛, 孙建胜. 一种棉花双行错位苗带精量穴播机: ZL201410481287.4.

田立文, 曾鹏民, 柏超华, 崔建平, 林涛, 徐海江, 郭仁松, 朱家辉, 帕孜来木·伊斯热甫力, 娄善伟, 刘志清. 新疆南疆棉区播前未冬灌或未春灌连作滴灌棉田节水保苗方法: ZL201510397954.5.

田立文, 崔建平, 郭仁松, 徐海江, 林涛, 刘素娟, 朱家辉, 张银宝, 刘志清, 曾鹏明, 柏超华, 欧州, 张黎, 王海波. 新疆棉花精量播种棉田保苗方法: ZL201310373743.9.

田立文, 郭仁松, 崔建平, 徐海江, 林涛, 刘忠山, 刘素娟, 张雯, 张黎, 刘志清, 刘正兴. 新疆枣棉间作滴灌棉田棉花高产群体结构构建方法: ZL201310169719.3.

王欢成, 刘玉京, 张爱民, 宫建勋, 刘凯凯, 宋德平, 孙冬霞, 李伟, 糕冬玲, 王仁兵, 张瑛, 王振伟. 一种自走式不对行棉秆联合收获打捆机: ZL201410313724.1.

辛承松, 罗振, 张琮, 董合忠. 一种低洼渍涝盐碱地棉花种植法: ZL201210093410.6.

徐志民, 董合忠. 易回收环保地膜及制备方法: ZI201510893029.1.

杨国正. 棉花免耕夏直播的栽培方法: ZL201410273847.7.

杨国正. 一种棉花五个六栽培的方法: ZL201410273845.8.

姚贺盛, 易小平, 张旺锋, 陈明杰, 唐腾飞, 张亚黎, 罗宏海. 手持式植物叶片运动方位角度电子测量仪: ZL201310048675.9.

姚贺盛, 易小平, 张旺锋, 张亚黎, 罗宏海. 植物叶片空间位置测定仪: ZL 201310331102.7.

糕冬玲, 李伟, 曹龙龙, 刘淑安, 宫建勋, 孙冬霞, 张爱民, 张瑛, 王成, 孙建胜, 李明军. 一种一级传动棉花精量播种装置: ZL2016112256728.

危常州, 赵红华, 雷咏雯. 一种滴灌根际酸性肥料及其制备方法: ZL201410516076.X.

张君, 危常州. 一种水溶性高效硼肥的生产方法: ZL201110305631.0.

2. 行业/地方标准

蒜(麦)后直播早熟棉高效轻简化栽培技术规程. 山东省地方标准. DB37/T 3578—2019.
蒜套棉高效轻简化栽培技术规程. 山东省地方标准. DB37/T 3579—2019.
棉花轻简化栽培技术规程. 山东省地方标准. DB37/T 2739—2015.
机采棉农艺技术规程. 山东省地方标准. DB37/T 2736—2015.
长江流域棉花轻简化栽培技术规程. 中华人民共和国农业行业标准. NY/T 2633—2014.
棉花轻简化育苗移栽技术规程基质育苗. 安徽省地方标准. DB34/T 864—2014.
南疆棉区杂交棉优质高产栽培技术规程. 新疆维吾尔自治区地方标准. DB65/T 3656—2014.
北疆棉区杂交棉高产优质栽培技术规程. 新疆维吾尔自治区地方标准. DB65/T 3657—2014.
新疆早熟陆地棉优质高产高效栽培技术规程. 新疆维吾尔自治区地方标准. DB65/T 3658—2014.
南疆枣棉间作田棉花结构优化配置标准. 新疆维吾尔自治区地方标准. DB65/T 3688—2015.
棉花轻简化栽培技术规程. 安徽省地方标准. DB34/T 1346—2011.
棉花专用配方缓控释肥使用技术规范. 安徽省地方标准. DB34/T 1336—2011.
棉田全程安全化学除草技术规范. 安徽省地方标准. DB34/T 1337—2011.
机采棉花生产技术规程. 安徽省地方标准. DB34/T 2652—2016.
棉花主要气象灾害防灾减灾技术规程. 安徽省地方标准. DB34/T 2722—2016.
棉花轻简绿色增产增效生产技术规程. 安徽省地方标准 DB34/T 3133—2018
棉花滴灌种植技术规程. 新疆维吾尔自治区地方标准. DB65/T 2263—2005.
有机棉种植技术规程. 新疆维吾尔自治区地方标准. DB65/T 2270—2005.
机采细绒棉种植作业技术规程. 新疆维吾尔自治区地方标准. DB65/T 2266—2005.
西北内陆棉区(新疆)"亩产皮棉 250kg"种植技术规程. 新疆维吾尔自治区地方标准. DB65/T 3299—2011.
冀中南棉区棉花轻简化栽培技术规程. 河北省地方标准. DB13/T 2901—2018.
半干旱区棉花节水丰产栽培技术规程. 河北省地方标准. DB13/T 2902—2018.
抗虫棉防早衰栽培技术规程. 河北省地方标准. DB13/T 1517—2012.

3. 软件著作权

山东棉花研究中心. 滴灌棉花水肥一体化管理系统 V1.0. 2016SR301574.
山东棉花研究中心. 棉花节水灌溉咨询决策系统 V1.0. 2016SR301570.
山东棉花研究中心. 棉花脱叶效果自动监测系统 V1.0. 2016SR302146.
山东棉花研究中心. 大田棉花可视化监测系统 V1.0. 2016SR301948.

山东棉花研究中心. 精量播种棉田用种量决策系统 V1.0 2017SR339128.
山东棉花研究中心. 基于棉株形态和气候条件的棉花脱叶控制软件系统 V1.0 2017SR340275.
山东棉花研究中心. 一种适宜轻简化栽培棉花品种的选择软件系统 V1.0 2017SR340286.
山东棉花研究中心. 轻简化栽培棉花的封行控制管理系统 V1.0 2017SR340088.
山东棉花研究中心. 一种大田棉花机械打顶高度控制系统 V1.0 2017SR344994.
山东棉花研究中心. 露地直播短季棉适宜播种期咨询决策系统 V1.0 2017SR344989.
山东棉花研究中心. 一种基于品种/密度和株高的棉花高光效群体控制决策系统 V1.0 2017SR344981.
安徽省农业科学院棉花研究所. 基于智能移动终端的棉花信息与科技服务系统 V1.0 2015SR027963.
安徽省农业科学院棉花研究所. 基于 web 的棉花信息与科技服务系统 V1.02015SR027740.
山东棉花研究中心. 科研项目管理系统 V1.0. 2015SR013147.
山东棉花研究中心. 固定资产管理软件 V1.0. 2015SR016064.
安徽省农业科学院棉花研究所. 基于 WEB 的棉花缺素诊断和推荐施肥支持决策系统 V1.0 2019SRO842788.
安徽省农业科学院棉花研究所. 基于移动端的棉花缺素诊断和推荐施肥支持决策系统 V1.0 2019SRO788862.

4. 科技奖励

棉花轻简化丰产栽培技术体系及在主产棉区的应用. 2017 年山东省科技进步奖一等奖.
棉花轻简化丰产栽培关键技术与区域化应用. 2016~2017 年度神农中华农业科技奖一等奖.
转基因抗虫棉早衰的生理机制及调控技术. 2012 年河北省科技进步奖一等奖.
不同形态氮素营养对棉花生长、生理和产量的效应及其应用. 2008 年河北省科技进步奖一等奖.
优良棉花品种选育及配套高产高效技术集成示范. 2018 年新疆维吾尔自治区科技进步奖一等奖.

5. 著作

董合忠. 2019. 棉花集中成熟轻简高效栽培. 北京: 科学出版社.
白岩, 董合忠, 李莉. 2019. 实用棉花绿色轻简化植棉技术. 北京: 中国农业科学技术出版社.
李存东, 董合忠, 齐放军. 2018. 棉花早衰理论与调控技术. 北京: 中国农业出版社.
董合忠, 李维江, 张旺锋, 李雪源. 2017. 轻简化植棉. 北京: 中国农业出版社.
董合忠, 杨国正, 田立文, 郑曙峰. 2016. 棉花轻简化栽培. 北京: 科学出版社.

6. 论文

Ali S, Hafeez A, Ma X, Tung SA, Chattha MS, Shah AN, Luo D, Ahmad S, Liu J, Yang GZ[#]. 2019. Equal potassium-nitrogen ratio regulated the nitrogen metabolism and yield of high-density late-planted cotton (*Gossypium hirsutum* L.) in Yangtze River valley of China. Ind Crop Prod, 129: 231-241.
Ali S, Hafeez A, Ma X, Tung SA, Liu A, Shah AN, Chattha MS, Zhang Z, Yang GZ[#]. 2018. Potassium relative ratio to nitrogen considerably favors carbon metabolism in late-planted cotton at high planting density. Field Crop Res, 223: 48-56.

注: #为通讯作者。

Chen J, Liu LT, Wang ZB, Sun HC, Zhang YJ, Lu ZY, Li CD[#]. 2018. Determining the effects of nitrogen rate on cotton root growth and distribution with soil cores and minirhizotrons. PLoS One, 13: 1-14.

Chen YZ, Dong HZ[#]. 2016. Mechanisms and regulation of senescence and maturity performance in cotton. Field Crop Res, 189: 1-9.

Chen YZ, Kong XQ, Dong HZ[#]. 2016. Effects of early-fruit removal on leaf senescence of cotton in relation to growth and yield. 7th International Crop Science Congress, Aug 2016, Beijing, China: 202.

Chen YZ, Kong XQ, Dong HZ[#]. 2018. Removal of early fruiting branches impacts leaf senescence and yield by altering the sink/source ratio of field-grown cotton. Field Crop Res, 216: 10-21.

Dai JL, Dong HZ[#]. 2014. Intensive cotton farming technologies in China: Achievements, challenges and countermeasures. Field Crop Res, 155: 99-110.

Dai JL, Dong HZ[#]. 2015. Intensive cotton farming technologies in china. ICAC Recorder, 33(2): 15-24.

Dai JL, Dong HZ[#]. 2016. Advances in farming and cultivation technologies of cotton in China. *In*: Abdurakhmonov IY.. Cotton Research. Rijeka, Croatia: Intech: 76-97.

Dai JL, Duan LS, Dong HZ[#]. 2014. Improved nutrient uptake enhances cotton growth and salinity tolerance in saline media. J Plant Nutr, 3: 1269-1286.

Dai JL, Duan LS, Dong HZ[#]. 2015. Comparative effect of nitrogen forms on nitrogen uptake and cotton growth under salinity stress. J Plant Nutr, 38: 1530-1543.

Dai JL, Kong XQ, Zhang DM, Li WJ, Dong HZ[#]. 2017. Technologies and theoretical basis of light and simplified cotton cultivation in China. Field Crop Res, 214: 142-148.

Dai JL, Li WJ, Tang W, Zhang DM, Li ZH, Lu HQ, Eneji AE, Dong HZ[#]. 2015. Manipulation of dry matter accumulation and partitioning with plant density in relation to yield stability of cotton under intensive management. Field Crop Res, 180: 207-215.

Dai JL, Li WJ, Zhang DM, Tang W, Li ZH, Lu HQ, Kong XQ, Luo Z, Xu SZ, Dong HZ[#]. 2017. Competitive yield and economic benefits of cotton achieved through a combination of extensive pruning and a reduced nitrogen rate at high plant density. Field Crop Res, 209: 65-72.

Dai JL, Luo Z, Li WJ, Tang W, Zhang DM, Lu HQ, Li ZH, Xin CS, Dong HZ[#]. 2014. A simplified pruning method for profitable cotton production in the Yellow River valley of China. Field Crop Res, 164: 22-29.

Dai JL, Luo Z, Lu HQ, Li ZH, Li WJ, Xu SZ, Zhang DM, Tang W, Kong XQ, Dong HZ. 2016. Precision seeding without seedling thinning under double mulching improves stand establishment. World Cotton Research Conference-6, 2016, Brazil.

Dai JL, Luo Z, Lu HQ, Xu SZ, Kong XQ, Dong HZ 2016. Evaluation of a production system in China that uses high plant density and retention of vegetative branches with reduced N. World Cotton Research Conference-6, 2016, Brazil.

Dong HZ[#], Dai JL. The Chinese way of achieving high cotton yields with farming technologies. World Cotton Research Conference-6, 2016, Brazil.

Dong HZ[#], Fok M. 2018. Light and simplified cultivation (LSC) techniques and their relevance for Africa. The ICAC Recorder, 12: 15-21.

Dong HZ[#], Li WJ, Eneji AE, Zhang DM. 2012. Nitrogen rate and plant density effects on yield and late-season leaf senescence of cotton raised on a saline field. Field Crop Res, 126: 137-144.

Feng GY, Gan XX, Yao YD, Luo HH, Zhang YL, Zhang WF[#]. 2014. Comparisons of photosynthetic characteristics in relation to lint yield among F_1 hybrids, their F_2 descendants and parental lines of cotton. J Integr Agr, 13: 1909-1920.

Feng GY, Luo HH, Zhang YL, Gou L, Yao YD, Lin YZ, Zhang WF[#]. 2016. Relationship between plant canopy characteristics and photosynthetic productivity in diverse cultivars of cotton. Crop J, 4(6): 499-508.

Feng L, Dai JL, Tian LW, Li WJ, Dong HZ[#]. 2017. Review of the technology for high-yielding and efficient cotton cultivation in the northwest inland cotton-growing region of China. Field Crop Res, 208: 18-26.

Hafeez A, Ali S, Ma X, Tung SA, Shah AN, Ahmad S, Chattha MS, Souliyanonh B, Zhang Z, Yang GZ[#]. 2019. Photosynthetic characteristics of boll subtending leaves are substantially influenced by applied K to N ratio under the new planting model for cotton in the Yangtze River Valley. Field Crop Res, 237: 43-52.

Hafeez A, Ali S, Ma X, Tung SA, Shah AN, Liu A, Ahmed S, Chattha MS, Yang GZ[#]. 2018. Potassium to nitrogen ratio favors photosynthesis in late-planted cotton at high planting density. Ind Crop Prod, 124: 369-381.

Hafeez A, Ali S, Ma X, Tung SA, Shah AN, Liu A, Zhang Z, Liu J, Yang GZ[#]. 2019. Sucrose metabolism in cotton subtending leaves influenced by potassium-to-nitrogen ratios. Nutr Cycl Agroecosys, 113: 201-216.

Han J, Lei Z, Flexas J, Zhang Y, Carriquí M, Zhang WF[#], Zhang Y. 2018. Mesophyll conductance in cotton bracts: anatomically determined internal CO_2 diffusion constraints on photosynthesis. J Exp Bot, 69: 5433-5443.

Han JM, Lei ZY, Zhang YJ, Yi XP, Zhang WF, Zhang YL[#]. 2018. Drought-introduced variability of mesophyll conductance in *Gossypium* and its relationship with leaf anatomy. Physiol Plant, doi: 10.1111/ppl.12845.

Hu YY, Zhang YL, Luo HH, Li W, Oguchi R, Fan DY, Chow WS, Zhang WF[#]. 2012. Important photosynthetic contribution from the non-foliar green organs in cotton at the late growth stage. Planta, 235: 325-336.

Khan A, Najeeb U, Wang LS, Kean D, Tan Y, Yang GZ[#], Munsif F, Ali S, Hafeez A. 2017. Planting density and sowing date strongly influence growth and lint yield of cotton crops. Field Crop Res, 209: 129-135.

Khan A, Wang LS, Ali S, Tung SA, Hafeez A, Yang GZ[#]. 2017. Optimal planting density and sowing date can improve cotton yield by maintaining reproductive organ biomass and enhancing K uptake. Field Crop Res, 214: 164-174.

Kong XQ, Li X, Lu HQ, Li ZH, Xu SZ, Li WJ, Zhang YJ, Zhang H, Dong HZ[#]. 2018. Monoseeding improves stand establishment through regulation of apical hook formation and hypocotyl elongation in cotton. Field Crop Res, 222: 50-58.

Kong XQ, Luo Z, Dong HZ[#]. 2017. Establishment of new split-root system by grafting. Bio-protocol, doi: 10.21769/BioProtoc.2136.

Kong XQ, Luo Z, Dong HZ[#], Eneji AE, Li WJ. 2016. H_2O_2 and ABA signaling are responsible for the increased Na^+ efflux and water uptake in *Gossypium hirsutum* L. roots in the non-saline side under non-uniform root zone salinity. J Exp Bot, 67: 2247-2261.

Kong XQ, Luo Z, Dong HZ[#], Eneji AE, Li WJ, Lu HQ. 2013. Gene expression profiles deciphering leaf senescence variation between early- and late-senescence cotton lines. PLoS One, 208(7): e69847.

Kong XQ, Luo Z, Dong HZ[#], Li WJ. 2016. Non-uniform salinity in the root zone alleviates salt damage to cotton through ABA and H_2O_2 signaling. 7th International Crop Science Congress, 2016, 8, Beijing, China: 329.

Kong XQ, Luo Z, Dong HZ[#], Li WJ, Chen YZ. 2017. Non-uniform salinity in the root zone alleviates salt damage by increasing sodium, water and nutrient transport genes expression in cotton. Sci Rep, 7: 2879.

Kong XQ, Luo Z, Zhang YJ, Li WJ, Dong HZ[#]. 2017. Soaking in H_2O_2 regulates ABA biosynthesis and GA catabolism in germinating cotton seeds under salt stress. Acta Physiol Plant, 39: 2(1-10).

Kong XQ, Wang T, Li WJ, Tang W, Zhang DM, Dong HZ[#]. 2016. Exogenous nitric oxide delays salt-induced leaf senescence in cotton (*Gossypium hirsutum* L.). Acta Physiol Plant, 38: 61-69.

Lei ZY, Han JM, Yi XP, Zhang WF[#], Zhang YL. 2018. Coordinated variation between veins and stomata in cotton and its relationship with water-use efficiency under drought stress. Photosynthetica, 56: 1326-1335.

Li DX, Li CD[#], Sun HC, Liu LT, Zhang YJ. 2012. Photosynthetic and chlorophyll fluorescence regulation of upland cotton (*Gossypium hirsutum* L.) under drought conditions. Plant Omics, 5(5): 432-437.

Li DX, Li CD[#], Sun HC, Wang WX, Liu LT, Zhang YJ. 2010. Effect of drought on soluble protein content and protective enzyme system in cotton leaves. Frontiers of Agriculture in China, 4(1): 56-62.

Li T, Dai JL, Zhang YJ[#], Kong XQ, Li CD, Dong HZ[#]. 2019. Topical shading substantially inhibits vegetative branching by altering leaf photosynthesis and hormone contents of cotton plants. Field Crop Res, 238: 18-26.

Li T, Zhang YJ, Dai JL, Dong HZ[#], Kong XQ[#]. 2019. High plant density inhibits vegetative branching in cotton by altering hormone contents and photosynthetic production. Field Crop Res, 230: 121-131.

Lin T, Tian LW, Guo RS, Tang QX, Cui JP, Xu HJ. 2013. Influence of fruit tree types and arrangements on yield, quality and economic returns of cotton of intercropping system in Xinjiang. Agri Sci Tech, 14: 1244-1248.

Liu LT, Sun HC, Chen J, Zhang YJ, Li DX, CD[#]. 2014. Effects of cadmium (Cd) on seedling growth traits and photosynthesis parameters in cotton (*Gossypium hirsutum* L.). Plant Omics Journal, 7(4): 284-290.

Liu LT, Sun HC, Chen J, Zhang, YJ, Wang XD, Li DX, Li CD[#]. 2016. Cotton seedling plants adapted to cadmium stress by enhanced activities of protective enzymes. Plant Soil Environ, 62: 80-85.

Lu HQ, Dai JL, Li WJ, Tang W, Zhang DM, Eneji AE, Dong HZ[#]. 2017. Yield and economic benefits of late planted short-season cotton versus full-season cotton relayed with garlic. Field Crop Res, 200: 80-87.

Lu HQ, Dong HZ[#]. 2016. Yield and economic benefits of late planted short-season cotton compared with intercropped full-season cotton. World Cotton Research Conference-6, 2016, Brazil.

Luo Z, Kong XQ, Dai JL, Dong HZ[#]. 2015. Soil plus foliar nitrogen application increases cotton growth and salinity tolerance. J Plant Nutr, 38: 443-455.

Luo Z, Kong XQ, Dong HZ[#]. 2016. Physiological and molecular mechanisms of the improved root hydraulic conductance under partial irrigation in cotton. World Cotton Research Conference-6, 2016, Brazil.

Luo Z, Kong XQ, ZhangYJ, Li WJ, Zhang DM, Dai JL, Fang S, Chu JF, Dong HZ[#]. 2019. Leaf-derived jasmonate mediates water uptake from hydrated cotton roots under partial root-zone irrigation. Plant Physiol. doi: https: //doi.org/10.1104/pp.19.00315.

Luo Z, Liu H, Li WP, Zhao Q, Dai JL[#], Tian LW, Dong HZ[#]. 2018. Effects of reduced nitrogen rate on cotton yield and nitrogen use efficiency as mediated by application mode or plant density. Field Crop Res, 218: 150-157.

Ma H, Zhao M, Wang HY, Wang ZM, Wang Q, Dong HZ[#]. 2014. Comparative incidence of cotton spider mites on Bt versus conventional cotton in relation to contents of secondary metabolites. Arthropod-Plant Inte, 8: 1-7.

Mokhele B, Zhan XJ, Yang GZ[#], Zhang XL. 2012. Nitrogen assimilation in crop plants and its affecting factors. Can J Plant Sci, 92: 399-405.

Shah AN, Iqbal J, Tanveer M, Yang GZ[#], Hassan W, Fahad S, Yousaf M Wu YY. 2017. Nitrogen fertilization and conservation tillage: a review on growth, yield, and greenhouse gas emissions in cotton. Environ Sci Pollut R, 24: 2261-2272.

Shah AN, Yang GZ[#], Tanveer M, Iqbal J. 2017. Leaf gas exchange, source–sink relationship, and growth response of cotton to the interactive effects of nitrogen rate and planting density. Acta Physiol Plant, 39: 119.

Tang HY, Yang GZ[#], Zhang XL, Siddique KHM. 2012. Improvement of fertilizer N recovery by allocating more N for later application in cotton. Int J Basic App Sci, 12(4): 32-37.

Tian JS[#], Zhang XY, Zhang WF[#], Li JF, Yang YL, Dong HY, Jiu XL, Yu YC, Zhao Z, Xu SZ, Zuo WQ. 2018. Fiber damage of machine-harvested cotton before ginning and after lint cleaning. J Integr Agr, 17: 1120-1127.

Tian JS, Hu XB, Gou L[#], Luo HH, Zhang YL, Zhang WF[#]. 2014. Growing degree days is the dominant factor associated with cellulose deposition in cotton fiber. Cellulose, 21: 813-822.

Tian JS, Hu YY, Gan XX, Zhang YL, Hu XB, Gou L, Luo HH, Zhang WF[#]. 2013. Effects of increased night temperature on cellulose synthesis and the activity of sucrose metabolism enzymes in cotton fiber. J Integr Agr, 12: 979-988.

Tian JS, Zhang XY, Yang YL, Yang CX, Zuo WQ, Zhang WF[#], Dong HY, Jiu XL, Yu YC, Zhao Z. 2017. How to reduce cotton fiber damage in the Xinjiang China. Ind Crop Prod, 109: 803-811.

Tian JS, Zhang XY, Zhang WF[#], Dong HY, Jiu XL, Yu YC, Zhao Z. 2017. Leaf adhesiveness affects damage to fiber strength during seed cotton cleaning of machine-harvested cotton. Ind Crop Prod, 107: 211-216.

Tung SA, Huang Y, Ali S, Hafeez A, Shah AN, Ma X, Ahmad S, Chattha MS, Liu A, Liu J, Zhang Z, Yang GZ[#]. 2019. Mepiquat chloride effects on potassium acquisition and functional leaf physiology as well as lint yield in highly dense late-sown cotton. Ind Crop Prod, 129: 142-155.

Tung SA, Huang Y, Ali S, Hafeez A, Shah AN, Song X, Ma X, Luo D, Yang GZ[#]. 2018. Mepiquat chloride application does not favor leaf photosynthesis and carbohydrate metabolism as well as lint yield in late-planted cotton at high plant density. Field Crop Res, 221: 108-118.

Tung SA, Huang Y, Hafeez A, Ali S, Khan A, Souliyanonh B, Song X, Liu A, Yang GZ[#]. 2018. Mepiquat chloride effects on cotton yield and biomass accumulation under late sowing and high density. Field Crop Res, 215: 59-65.

Wang Q, Eneji AE, Kong XQ, Wang KY, Dong HZ[#]. 2015. Salt stress effects on secondary metabolites of cotton in relation to gene expression responsible for aphid development. PLoS One, 10(6): e0129541.

Wang ZB, Chen J, Mao SC, Han YC, Chen F, Zhang LF, Li YB[#], Li CD[#]. 2017. Comparison of greenhouse gas emissions of chemical fertilizer types in China's crop production. J Clean Prod, 141: 1267-1274.

Wang ZB, Chen J, Xing FF, Han YC, Chen F, Zhang LF, Li YB[#], Li CD[#]. 2017. Response of cotton phenology to climate change on the North China Plain from 1981 to 2012. Sci Rep, 7: 6628.

Xiong G, Zhang A, Fan D, Ge J, Yang D, Xie Z, Zhang WF[#]. 2018. Functional coordination between leaf traits and biomass allocation and growth of four herbaceous species in a newly established reservoir riparian ecosystem in China. Ecol Evol, 8: 11372-11384.

Yang GZ[#], Chu KY, Tang HY, Nie YC, Zhang XL. 2013. Fertilizer ^{15}N accumulation, recovery and distribution in cotton plant as affected by N rate and split. J Integr Agr, 12: 999-1007.

Yang GZ[#], Luo XJ, Nie YC, Zhang XL. 2014. Effects of plant density on yield and canopy micro environment in hybrid cotton. J Integr Agr, 13: 2154-2163.

Yang GZ[#], Tang HY, Nie YC, Zhang XL. 2011. Responses of cotton growth, yield, and biomass to nitrogen split application ratio. Eur J Agron, 35: 164-170.

Yang GZ[#], Tang HY, Tong J, Nie YC, Zhang XL. 2012. Effect of fertilization frequency on cotton yield and biomass accumulation. Field Crop Res, 125: 161-166.

Yang GZ[#], Wang DP, Nie YC, Zhang XL. 2013. Effect of Potassium application rate on cotton biomass and yield. Acta Agron Sin, 39: 905-911.

Yang GZ[#], Zhou MY. 2010. Multi-location investigation of optimum planting density and boll distribution of high-yielding cotton in Hubei Province, China. Agri Sci China, 9: 1749-1757.

Yang GZ[#], Zhou XB, Li CF, Nie YC, Zhang XL. 2013. Cotton stubble mulching helps in the yield improvement of subsequent winter canola crop. Ind Crop Prod, 50: 190-196.

Yang Y, Chen M, Tian J, Xiao F, Xu S, Zuo W, Zhang WF[#]. 2019. Improved photosynthetic capacity during the mid- and late reproductive stages contributed to increased cotton yield across four breeding eras in Xinjiang, China. Field Crop Res, doi.org/10.1016/j.fcr.2018.11.003.

Yao H, Zhang Y, Yi X, Zhang X, Fan D, Chow WS, Zhang WF[#]. 2018. Diaheliotropic leaf movement enhances leaf photosynthetic capacity and photosynthetic light and nitrogen use efficiency via optimising nitrogen partitioning among photosynthetic components in cotton (*Gossypium hirsutum* L.). Plant Biol, 20: 213-222.

Yao HS, Zhang YL, Yi XP, Hu YY, Luo HH, Gou L, Zhang WF[#]. 2015. Plant density alters nitrogen partitioning among photosynthetic components, leaf photosynthetic capacity and photosynthetic nitrogen use efficiency in field-grown cotton. Field Crop Res, 184: 39-49.

Yao HS, Zhang YL, Yi XP, Zhang XJ, Zhang WF[#]. 2016. Cotton responds to different plant population densities by adjusting specific leaf area to optimize canopy photosynthetic use efficiency of light and nitrogen. Field Crop Res, 188: 10-16.

Yao HS, Zhang YL, Yi XP, Zuo WQ, Lei CY, Sui LL, Zhang WF[#]. 2017. Characters in light-response curves of canopy photosynthetic use efficiency of light and N in responses to plant density in field-grown cotton. Field Crop Res, 203: 192-200.

Yi XP, Zhang YL, Yao HS, Han JM, Chow WS, Fan DY, Zhang WF[#]. 2018. Changes in activities of both photosystems and the regulatory effect of cyclic electron flow in field-grown cotton (*Gossypium hirsutum* L.) under water deficit. J Plant Physiol, 220: 74-82.

Zhai LC, Zhang YJ[#], Li CD[#], Zhai LF, Liu LT, Sun HC. 2018. Effects of early fruiting branches removal on physiological traits of leaf related to premature senescence, yield and fiber quality of transgenetic Bt cotton (*Gossypium hirsutum* L.). Crop Sci, 58: 792-802.

Zhan DX, Zhang C, Yang Y, Luo HH, Zhang YL, Zhang WF[#]. 2015. Water deficit alters cotton canopy structure and increases photosynthesis in the mid-canopy layer. Agron J, 107: 1947-1957.

Zhang C, Zhan DX, Luo HH, Zhang YL, Zhang WF[#]. 2016. Photorespiration and photoinhibition in the bracts of cotton under water stress. Photosynthetica, 54: 12-18.

Zhang DM, Li WJ[#], Xin CS, Tang W, Eneji AE, Dong HZ[#]. 2012. Lint yield and nitrogen use efficiency of field-grown cotton vary with soil salinity and nitrogen application rate. Field Crop Res, 138: 63-70.

Zhang DM, Luo Z, Liu SH, Li WJ, Tang W, Dong HZ[#]. 2016. Effects of deficit irrigation and plant density on the growth, yield and fiber quality of irrigated cotton. Field Crop Res, 197: 1-9.

Zhang PP, Xu SZ, Zhang GJ, Pu XZ, Wang J, Zhang WF[#]. 2019. Carbon cycle in response to residue management and fertilizer application in a cotton field in arid Northwest China. J Integr Agr, 18:

1103-1119.

Zhang YJ, Chen YZ, Lu HQ, Kong XQ, Dai JL, Li ZH, Dong HZ#. 2016. Growth, lint yield and changes in physiological attributes of cotton under temporal waterlogging. Field Crop Res, 194: 83-93.

Zhang YJ, Hou MY, Xue HY, Liu LT, Sun HC, Li CD#, Dong XJ. 2018. Photochemical reflectance index and solar-induced fluorescence for assessing cotton photosynthesis under water-deficit stress. Biol Plantarum, 62: 817-825.

Zhang YJ, Kong XQ, Dong HZ# 2016. Global gene expression responses to waterlogging in leaves of cotton (*Gossypium hirsutum* L). 7th International Crop Science Congress, 2016, 8, Beijing, China: 154.

Zhang YJ, Song XZ, Yang GZ, Li ZH, Lu HQ, Kong XQ, Eneji AE#, Dong HZ#. 2015. Physiological and molecular adjustment of cotton to waterlogging at peak-flowering in relation to growth and yield. Field Crop Res, 179: 164-172.

Zhong Y, Peng JJ, Chen ZZ, Xie H, Luo D, Dai JR, Yan F, Wang JG, Dong HZ#, Chen SY#. 2015. Dry mycelium of *Penicillium chrysogenum* activates defense responses and restricts the spread of Tobacco Mosaic Virus in tobacco. Physiol Mol Plant Pathol, 92: 28-37.

白岩, 毛树春, 田立文, 李莉, 董合忠#. 2017. 新疆棉花高产简化栽培技术评述与展望. 中国农业科学, 50: 38-50.

白岩, 田立文, 董合忠. 2016. 西北内陆棉区棉花高产简化栽培技术体系及展望. 中国农学会棉花分会 2016 年年会论文汇编 2016-08-08.

陈静, 刘连涛#, 孙红春, 张永江, 王占彪, 李存东#. 2013. 氮素水平对棉花幼苗生长和光合特性的影响. 棉花学报, 25(5): 403-409.

陈静, 刘连涛, 李存东#, 孙红春, 张永江, 王占彪. 2012. NO 对氮胁迫棉花幼苗根系形态的调控效应. 河北农业大学学报, 35(5): 15-19.

陈静, 刘连涛, 孙红春, 张永江, 王占彪, 李存东#. 2013. NO 对缺氮胁迫下棉花幼苗生理生长的调控效应. 中国农业科学, 46(14): 3065-3071.

陈静, 刘连涛, 孙红春, 张永江, 王占彪, 李存东#. 2014. 外源 NO 对缺氮胁迫下棉花幼苗形态及生长的调控效应. 中国农业科学, 47(23): 4595-4605.

陈静, 刘连涛, 王亚菲, 孙红春, 张永江, 李存东#, 路战远. 2015. 氮素对棉株上部果枝铃-叶系统生长及生理特性的影响, 棉花学报, 27(5): 408-416.

陈兰, 张桂芝, 王爱玉, 李浩, 张晓洁 2016. 棉花早衰机制及防治. 中国农学会棉花分会 2016 年年会论文汇编 2016-08-08.

陈兰, 赵金辉, 张桂芝, 王爱玉, 李浩, 张晓洁#. 2016. 棉花早衰的成因及预防措施. 安徽农学通报, 22(13): 58-60.

陈兰, 赵金辉, 张桂芝, 王爱玉, 王志伟, 李浩, 王广明, 张晓洁#. 2016. 黄河流域棉花区试临清点中熟棉品种性状表现分析. 山东农业科学, 3: 18 -21.

陈亮, 杨国正#, 祝珍珍, 宋学贞, 王德鹏, 陈求柱, Solomon MB. 2011. 氮素用量对棉花产量和品质的影响. 中国棉花, 38(4): 15-18.

陈敏, 屈磊, 郑曙峰#, 徐道青, 王维, 刘小玲, 阚画春. 2015. 缓释氮肥对棉花生长发育及产量的影响. 中国棉花, 42(2): 23-26.

陈敏, 郑曙峰, 刘小玲, 徐道青, 王维, 阚画春. 2015. 基于数码图像识别的棉花氮营养诊断研究. 中国作物学会 2015 年学术年会 2015-08-20.

陈求柱, 王志琴, 图尔汗, 余登胜, 杨国正#. 2013. 氮肥运筹对棉花干物质累积及产量影响. 湖北农业科学, 22: 5437-5442.

陈雪梅, 李维江, 董合忠#. 2015. 棉花产业须自强——提升山东棉花产业自身竞争力的对策措施. 中国棉花, 42(5): 8-10.

陈雪梅, 张宏宝, 董合忠#. 2015. 对国家棉花产业政策调整的认识和建议. 中国棉花, 42(2): 1-4.

陈义珍, 董合忠#. 2016. 棉花衰老和熟相的生理生态与调控研究进展. 应用生态学报, 27(2): 643-651.

成国鹏, 孙红春, 张永江, 刘连涛, 王曼, 李存东#. 2015. 群体冠层结构对棉花光合特性及产量性状的影响效应研究. 河北农业大学学报, 38(4): 1-7.

崔建平, 田立文#, 林涛, 徐海江, 郭仁松. 2011. 膜下滴灌棉田杂草群落组成及特点. 新疆农业科学, 48(5): 799-803.

代丹丹, 杨娟, 郝西, 李彦鹏, 郭红霞, 杨铁钢#. 2009. 光照对工厂化棉苗形态和生理特性的影响. 河南农业科学, (9): 71-74.

代建龙, 李维江, 李振怀, 卢合全, 董合忠. 2013. 叶面喷施硅肥对棉花盐害的缓解效应. 中国棉花学会 2013 年年会论文汇编 2013-08-08.

代建龙, 李维江, 辛承松, 董合忠#. 2013. 黄河流域棉区机采棉栽培技术. 中国棉花, 40(1): 35-36.

代建龙, 李振怀, 罗振, 卢合全, 唐薇, 张冬梅, 李维江, 辛承松, 董合忠#. 2014. 精量播种减免间定苗对棉花产量和构成因素的影响. 作物学报, 40: 2040-2945.

代建龙, 李振怀, 唐薇, 张冬梅, 董合忠. 2016. 降雨对双膜覆盖棉花出苗及产量的影响. 中国农学会棉花分会 2016 年年会论文汇编 2016-08.

代建龙, 卢合全, 李振怀, 段留生, 董合忠#. 2013. 盐胁迫下施肥对棉花及 NUE 的影响. 应用生态学报, 24: 3453-3458.

代建龙, 卢合全, 李振怀, 唐薇, 张冬梅, 李维江, 董合忠. 2014. 模拟降雨对露地直播和膜上播种棉花出苗的影响. 中国棉花学会 2014 年年会论文汇编 2014-08-08.

代建龙, 罗振, 卢合全, 李维江, 李振怀, 唐薇, 张冬梅, 徐士振, 孔祥强, 辛承松, 董合忠. 2015. 整枝和施肥对不同密度棉花生长及产量的效应. 2015 年全国棉花青年学术会论文汇编 2015-08-08.

代建龙, 徐士振, 卢合全, 罗振, 李振怀, 唐薇, 张冬梅, 李维江, 董合忠. 2017. 不同程度机械损伤对棉花生长及产量影响. 中国农学会棉花分会 2017 年年会论文汇编 2017-08-08.

董春玲, 罗宏海, 张亚黎, 张旺锋#. 2013. 喷施氟节胺对棉花农艺性状及化学打顶效应研究. 新疆农业科学, 50: 1985-1990.

董合忠. 2013. 棉花轻简栽培的若干技术问题分析. 山东农业科学, 45(4): 115-117.

董合忠. 2013. 棉花重要生物学特性及其在丰产简化栽培中的应用. 中国棉花, 40(9): 1-4.

董合忠. 2013. 中国棉花种业和原棉品质的国际竞争力分析. 中国棉花, 40(7): 1-5.

董合忠#. 2016. 棉蒜两熟制棉花轻简化生产的途径——短季棉蒜后直播. 中国棉花, 43(1): 8-9.

董合忠#, 毛树春, 张旺锋, 陈德华. 2014. 棉花优化成铃栽培理论及其新发展. 中国农业科学, 47: 441-451.

董合忠#, 杨国正, 李亚兵, 田立文, 代建龙, 孔祥强. 2017. 棉花轻简化栽培关键技术及其生理生态学机制. 作物学报, 43(5): 631-639.

董合忠#, 张艳军, 张冬梅, 代建龙, 张旺锋. 2018. 基于集中收获的新型棉花群体结构. 中国农业科学, 51(24): 4615-4624.

董合忠, 代建龙, 孔祥强, 李维江, 罗振, 张冬梅, 唐薇. 2017. 棉花轻简化栽培技术及其理论基础. 中国农学会棉花分会 2017 年年会论文汇编 2017-08-08.

董建军, 代建龙, 李霞, 李维江, 董合忠#. 2017. 黄河流域棉花轻简化栽培技术评述. 中国农业科学, 50: 4290-4298.

董建军, 李霞, 代建龙, 董合忠#. 2016. 适于机械收获的棉花晚密简栽培技术. 中国棉花, 43(7): 35-37.

冯国艺, 罗宏海, 姚炎帝, 杨美森, 杜明伟, 张亚黎, 张旺锋#. 2012. 新疆超高产棉花叶铃空间分布及与群体光合生产. 中国农业科学, 45: 2607-2617.

冯国艺, 姚炎帝, 杜明伟, 田景山, 罗宏海, 张亚黎, 张旺锋#. 2012. 缩节胺 DPC 对干旱区杂交棉冠层结构及群体光合生产的调节. 棉花学报, 24: 44-51.

冯国艺, 姚炎帝, 罗宏海, 张亚黎, 杜明伟, 张旺锋#, 夏冬利, 董恒义. 2012. 新疆超高产棉花冠层光分布特征及其群体光合生产. 应用生态学报, 23: 1286-1294.

郭红霞, 侯玉霞, 胡颖, 杨铁钢#. 2011. 两苗互作棉花工厂化育苗技术规程. 河南农业科学, 40(5): 89-90.

郭仁松, 林涛, 崔建平, 徐海江, 汤秋香, 张巨松, 田立文#. 2013. 配置模式对枣棉间作棉花光合的影响. 干旱地区农业研究, (6): 34-38.

郭仁松, 林涛, 田立文#, 崔建平, 徐海江, 蒋从军. 2011. 停水时间对膜下滴灌棉花纤维品质的影响. 中国农学通报, 27(30): 147-151.

郭仁松, 林涛, 徐海江, 崔建平, 马君, 刘志清, 田立文#. 2017. 微咸水滴灌对绿洲棉田水盐运移特征及棉花产量的影响. 水土保持学报, 31: 211-216.

郭仁松, 刘盼, 张巨松, 饶翠婷, 王宏伟, 高云光, 赵强. 2010. 南疆超高产棉花光合生产与分配关系的研究. 棉花学报, 22(5): 471-478.

郭仁松, 田立文#, 林涛, 崔建平, 徐海江, 汤秋香. 2014. 枣棉间作棉田花铃期小气候变化特征及对产量的影响. 西北农业学报, (2): 92-98.

郭仁松, 田立文#, 徐海江, 崔建平, 林涛, 蒋从军. 2013. 枣棉花间作对棉花品种产量的影响. 中国棉花, 40(9): 25-27.

侯晓梦, 刘连涛, 孙红春, 张永江, 杜欢, 李存东#. 2017. 基于 iTRAQ 技术对棉花叶片响应化学打顶的差异蛋白质组学分析. 中国农业科学, 50(19): 3665-3677.

虎晓兵, 田景山, 张旺锋#, 赵瑞海, 勾玲, 罗宏海, 张亚黎. 2012. 新疆棉花播期对棉纤维糖类物质及超分子结构的影响. 新疆农业科学, 49: 1007-1014.

黄颖, 荣义华, 梅汉成, 闫显会, 杨国正#. 2017. 棉花麦后直播品种生产力比较研究. 中国棉花, 44: 25-29.

阚画春, 郑曙峰#, 徐道清, 王维, 程福如, 何团结, 刘飞. 2009. 棉花专用配方缓控释复合肥应用效果研究. 中国棉花, 36(4): 15-17.

孔祥强, 罗振, 董合忠, 李维江, 卢合合. 2013. 棉花叶片衰老相关基因的差异表达分析. 山东省棉花学会第六次代表大会 2013-08-23.

孔祥强, 罗振, 李存东, 董合忠#. 2015. 棉花早衰的分子机理研究进展. 棉花学报, 27(1): 71-79.

孔祥强, 罗振, 李维江, 卢合全, 董合忠. 2016. 根区盐分差异减轻棉花盐害的分子机制研究. 山东植生学会第八次代表大会 2016-08-12.

孔祥强, 罗振, 李维江, 唐薇, 卢合全, 董合忠. 2014. 根区盐分差异分布减轻棉花盐害的分子机制研究. 中国棉花学会 2014 年年会 2014-08-08.

孔祥强, 罗振, 张艳军, 李维江, 董合忠. 2015. 过氧化氢预处理促进棉花种子萌发的效应. 2015 年全国棉花研讨会 2015-08-08.

李翠芳, 刘连涛, 孙红春, 李存东[#]. 2013. 外源 NO 对棉花幼苗氧化损伤和保护酶活性的影响. 华北农学报, 28(4): 158-162.

李翠芳, 刘连涛, 孙红春, 张永江, 朱秀金, 李存东[#]. 2012. 外源 NO 对 NaCl 胁迫下棉苗主要形态和相关生理性状的影响. 中国农业科学, 45(9): 1864-1872.

李东晓, 李存东[#], 孙传范, 孙红春, 刘连涛, 张永江, 肖凯. 2010. 干旱对棉花主茎叶片内源激素含量与平衡的影响. 棉花学报, 22(3): 231-235.

李冬旺, 张永江[#], 刘连涛, 孙红春, 刘玉春, 白志英, 李存东. 2018. 干旱胁迫对棉花冠层光合、光谱和荧光的影响. 棉花学报, 30(3): 242-251.

李建峰, 梁福斌, 陈厚川, 王聪, 张旺锋[#], 康鹏. 2016. 棉花机采模式下株行距配置对农艺性状的影响. 新疆农业科学, 53: 1390-1396.

李伶俐, 郭红霞, 黄耿华, 李彦鹏, 杨铁钢[#]. 2013. 两苗同穴互作育苗的生理生态效应. 生态学报, 33: 4278-4288.

李伶俐, 黄耿华, 李彦鹏, 杨铁钢[#]. 2012. 棉花与不同作物同穴互作育苗对土壤微生物、酶活性和根系分泌物的影响. 植物营养与肥料学报, 18: 1475-1482.

李平, 张永江, 刘连涛, 孙红春, 王旗, 李存东. 2014. 水分胁迫对棉花幼苗水分利用和光合特性的影响. 棉花学报, 26(2): 113-121.

李婷, 孔祥强, 董合忠[#]. 2016. 基因沉默技术及其在棉花中的应用. 分子植物育种, 14(4): 918-928.

李婷, 孔祥强, 董合忠. 2016. 密度对棉花叶枝生育调控效应和机理. 山东植生学会第八次代表大会 2016-08-12.

李维江, 代建龙, 董合忠. 2016. 黄河三角洲棉花"晚密简"栽培技术. 中国农学会棉花分会 2016 年年会 2016-08-08.

李伟, 曹龙龙, 廖培旺, 郝延杰, 王成, 张爱民[#]. 2017. 黄河三角洲棉花生产全程机械化关键技术. 中国棉花, 44(10): 29-32.

李伟, 宋庆奎, 宋德平, 梅红星, 张爱民[#]. 2016. 基于机收的棉花覆膜播种机设计及试验. 农机化研究, (11): 145-149, 153.

李伟, 禚冬玲, 刘玉京, 宫建勋, 张爱民[#]. 2017. 棉田残膜污染及机械化回收技术探讨. 中国农机化学报, 38: 136-140.

李霞, 郑曙峰, 董合忠[#]. 2017. 长江流域棉区棉花轻简化高效栽培技术体系. 中国棉花, 12: 32-34.

林涛, 郭仁松, 崔建平, 徐海江, 汤秋香, 张巨松, 田立文[#]. 2013. 施氮对南疆滴灌棉田产量及品质的影响. 西北农业学报, (11): 47-53.

刘静普, 李存东[#], 孙红春, 张永江, 刘连涛, 杨伟玲. 2008. 转 Bt 基因棉缺锰与早衰的关系及其生理机制. 青岛农业大学学报, 25(3): 163-167.

刘连涛, 陈静, 孙红春, 张永江, 李存东[#]. 2014. 镉胁迫对棉花幼苗生长效应及不同器官镉积累的影响. 棉花学报, 26(5): 466-470.

刘连涛, 李存东[#], 孙红春, 张永江, 白志英, 冯丽肖. 2009. 氮素营养水平对棉花衰老的影响及其生理机制. 中国农业科学, 42(5): 1575-1581.

刘连涛, 孙红春, 张永江, 李存东#. 2013. 氮素对棉花群体生理指标的影响. 中国棉花, 40(4): 9-12.

刘连涛, 孙红春, 张永江, 李存东#. 2013. 盛铃期遮阴对棉花叶片光合特性的影响. 河北农业大学学报, 11(6): 1-5.

刘连涛, 孙红春, 张永江, 王春山, 宋世佳, 陈静, 李存东#. 2015. 黄河流域棉区早衰棉田土壤肥力综合评价. 棉花学报, 27(3): 241-247.

刘朋程, 孙红春, 刘连涛, 张永江, 刘玉春, 白志英, 李存东#. 2018. 限量灌溉对不同棉花品种干物质积累分配、产量和水分利用效率的影响. 棉花学报, 30(4): 316-325.

刘素华, 彭延, 彭小峰, 罗振, 董合忠#. 2016. 调亏灌溉与合理密植对旱区棉花生育及产量品质的影响. 棉花学报, 28: 184-188.

刘玉春, 孙红春, 李存东#, 刘兴利, 潘秋艳, 朱浩. 2016. 棉花早衰的原因及表现——2014 年 9 月对河北威县棉花生长的调查. 中国棉花, 43(7): 8-12.

卢合全, 代建龙, 李振怀, 李维江, 徐士振, 唐薇, 张冬梅, 孔祥强, 罗振, 辛承松, 董合忠#. 2018. 出苗期遇雨对不同播种方式棉花出苗及产量的影响. 中国农业科学, 51(1): 60-70.

卢合全, 李振怀, 董合忠#, 李维江, 唐薇, 张冬梅. 2013. 黄河流域棉区高密度垄作对棉花的增产效应. 中国农业科学, 46: 4018-4026.

卢合全, 李振怀, 孔祥强, 李维江, 代建龙, 罗振, 徐士振, 董合忠. 2017. 鲁棉 522 的特征特性及轻简化栽培技术. 中国农学会棉花分会 2017 年年会论文汇编 2017-08-08.

卢合全, 李振怀, 李维江, 孔祥强, 代建龙, 唐薇, 张冬梅, 董合忠#. 2015. 适宜轻简栽培棉花品种 K836 及简化栽培. 中国棉花, 42(6): 33-37.

卢合全, 李振怀, 李维江, 罗振, 唐薇, 张冬梅, 孔祥强, 董合忠. 2014. 抗虫棉品种 K638 的特征特性和高产栽培技术. 中国棉花, 41(2): 33-34.

卢合全, 李振怀, 李维江, 唐薇, 张冬梅, 董合忠. 2014. 适宜机采的棉花品种 K836 的特征特性和栽培技术. 中国棉花学会 2014 年年会论文汇编 2014-08-08.

卢合全, 祁杰, 代建龙, 张艳军, 孔祥强, 李振怀, 李维江, 徐士振, 唐薇, 张冬梅, 罗振, 辛承松, 孙学振, 董合忠#. 2019. 棉花对初蕾期物理伤害的调节补偿效应. 作物学报, 45(6): 904-911.

卢合全, 徐士振, 刘子乾, 董合忠#. 2016. 蒜套抗虫棉 K836 轻简化栽培技术. 中国棉花, 43(2): 39-40, 42.

路曦结, 叶泗洪, 江本利, 添长久, 程福如, 郑曙峰#. 2012. 安徽省棉花生产现状及轻简化植棉技术. 中国棉花, 39(7): 10-12.

罗振, 孔祥强, 李维江, 董合忠. 2015. 棉花部分根区灌溉增强灌水侧根系水力导度的生理和分子机制. 2015 年全国棉花研讨会 2015-08-08.

罗振, 孔祥强, 李维江, 董合忠. 2016. 分区灌溉提高灌水侧根系养分吸收的机理. 山东植生学会第八次代表大会 2016-08-12.

罗振, 孔祥强, 辛承松, 张冬梅, 代建龙, 李振怀, 董合忠. 2014. 棉花响应分区灌溉的生理和分子机制研究. 中国棉花学会 2014 年年会 2014-08-08.

罗振, 辛承松, 李维江, 张冬梅, 董合忠#. 2019. 部分根区灌溉与合理密植提高旱区棉花产量和水分生产率的效应研究. 应用生态学报, 30(9): 3137-3146.

马惠, 王琦, 赵鸣, 王红艳, 纪祥龙, 董合忠#. 2016. 非生物胁迫对棉花次生代谢及棉蚜种群消长影响. 棉花学报, 28: 324-330.

马彤彤, 陈莉, 万华龙, 李津, 刘连涛, 孙红春, 张永江, 白志英[#], 李存东[#]. 2018. 增铵营养对棉花幼苗形态及干物质积累的影响. 华北农学报, 33(4): 204-209.

平文超, 张永江, 刘连涛, 孙红春, 李存东[#]. 2011. 不同密度对棉花根系生长与分布的影响. 棉花学报, 23(6): 522-528.

平文超, 张永江, 刘连涛, 孙红春, 李存东[#]. 2012. 棉花根系生长分布及生理特性的研究进展. 棉花学报, 24(2): 183-190.

祁杰, 代建龙, 孙学振, 董合忠[#]. 2018. 短季棉的早熟性机制及栽培利用. 棉花学报, 30(5): 406-413.

秦鸿德, 周家华, 黄晓莉, 胡爱兵, 荣义华, 李洪菊, 李蔚, 张贤红, 黄梅芳, 杨国正[#]. 2018. 夏棉低耗高效直播种植技术. 中国棉花, 45(11): 45-46.

屈磊, 郑曙峰[#], 王维, 徐道青, 刘小玲. 2012. 控释氮肥对棉花果枝叶比叶质量的影响. 中国棉花, 39(2): 25-28.

任锋潇, 孙红春, 张永江, 白志英, 刘连涛, 张颖, 陈静, 李存东[#]. 2016. 不同冠层结构对棉田小气候及蕾铃脱落和产量的影响. 棉花学报, 28(4): 361-368.

宋德平, 宋庆奎, 成永朋, 张爱民[#]. 2015. 基于机采棉的折叠式棉花覆膜播种机设计与试验. 中国农机化学报, 36(6): 28-31.

宋世佳, 孙红春, 张永江, 刘连涛, 白志英, 李存东[#]. 2015. 彩色棉抗氧化系统生理特征及纤维素累积对纤维品质的影响. 中国农业科学, 48(19): 3811-3820.

宋世佳, 孙红春, 张永江, 刘连涛, 白志英, 李存东[#]. 2015. 水培磷胁迫下不同基因型棉花苗期根系形态及叶片光合特性的差异. 棉花学报, 27(3): 223-231.

宋世佳, 张永江, 刘连涛, 孙红春, 李存东[#], 刘贞贞, 张忠波. 2011. 不同施肥模式对棉田肥料利用率及产量的影响. 河北农业大学学报, 34(4): 10-15.

宋学贞, 杨国正, 罗振, 张冬梅, 唐薇, 董合忠. 2013. 叶面喷施硝普钠对棉花淹水伤害的缓解效应. 中国棉花学会 2013 年年会 2013-08-08..

宋迎, 张晓洁, 王志伟, 董合忠[#]. 2014. 山东不同产棉区棉纤维品质的差异. 山东农业科学, 46(4): 62-64.

随龙龙, 田景山, 姚贺盛, 张鹏鹏, 梁福斌, 王进, 张旺锋[#]. 2018. 播期温度对新疆膜下滴灌棉花出苗率及苗期生长的影响. 中国农业科学, 51: 4040-4051.

随龙龙, 田景山, 张煦怡, 赵宝改, 向导, 张旺锋[#]. 2018. 膜下滴灌棉花不同播期对植株顶部棉铃单铃重和纤维品质的影响. 新疆农业科学, 55(7): 1194-1202.

孙冬霞, 宋庆奎, 李伟, 王志勇, 张爱民. 2015. 黄河三角洲麦棉连作农机农艺融合. 中国农机化学报, (4): 308-313.

孙冬霞, 张爱民[#], 宫建勋. 2016. 1SZL-250A 型深松旋耕施肥联合整地机的设计与试验. 中国农机化学报, 37(4): 1-6.

孙红春, 李文芹, 刘连涛, 张永江, 李存东[#]. 2012. 不同水分条件下棉花主茎功能叶叶柄茎流速率的日变化规律. 华北农学报, 27(4): 218-222.

孙红春, 任新茂, 李存东, 刘连涛, 张永江. 2011. 水分胁迫对棉花不同部位主茎叶 ^{14}C 同化、分配的影响. 棉花学报, 23(3): 247-252.

唐薇, 张冬梅, 李维江, 李振怀, 卢合全, 徐士振, 辛承松[#], 董合忠[#]. 2018. 防治棉花烂铃的农艺和化学措施研究. 中国棉花, 45(6): 6-9.

唐薇, 张冬梅, 徐士振, 卢合全, 李振怀, 董合忠[#]. 2016. 生物降解膜降解特征及其对棉花生长发育和产量的影响. 中国棉花, 43(4): 21-24.

唐薇, 张艳军, 张冬梅, 王守海, 李维江, 李振怀, 卢合全, 徐士振, 董合忠#. 2017. 不同时期淹水对棉花主要养分代谢及产量的影响. 中国棉花, 44(7): 7-10.

滕悦江, 张爱民#, 杨自栋, 孙冬霞, 王廷恩, 王佳文. 2016. 棉花精量免耕穴播机设计及部件仿真. 农机化研究, (11): 177-181.

田景山, 白玉林, 虎晓兵, 罗宏海, 张亚黎, 赵瑞海, 张旺锋#. 2011. 新疆日最低温对棉纤维次生壁加厚期蔗糖代谢的影响. 中国农业科学, 44: 4170-4179.

田景山, 虎晓兵, 勾玲, 罗宏海, 张亚黎, 赵瑞海, 张旺锋#. 2012. 新疆棉花生育后期夜间增温对纤维产量和比强度的影响. 作物学报, 38: 140-147.

田景山, 王文敏, 王聪, 牛玉萍, 罗宏海, 勾玲, 张亚黎, 张旺锋#. 2016. 机械采收对新疆棉纤维品质的影响. 纺织学报, 37(7): 13-17.

田景山, 张煦怡, 虎晓兵, 随龙龙, 张鹏鹏, 王文敏, 勾玲, 张旺锋#. 2018. 新疆产棉区高强棉纤维形成的纤维素累积特征及适宜温度. 中国农业科学, 51(22): 4252-4263.

田景山, 张煦怡, 张丽娜, 徐守振, 祁炳琴, 随龙龙, 张鹏鹏, 杨延龙, 张旺锋#, 勾玲. 2019. 新疆机采棉花实现叶片快速脱落需要的温度条件. 作物学报, 45(4): 613-620.

田立文. 1996. 新疆棉花高产、优质、高效关键栽培技术对策. 中国棉花, 23(9): 29-30.

田立文#, 林涛, 田聪华, 宁新民, 崔建平, 徐海江, 郭仁松. 2016. 巴西自然资源及棉花发展现状与历史回顾. 世界农业, (11): 128-135.

田立文, 董合忠, 娄善伟, 宁新民, 王纯武, 蒋众军, 王京梁. 2017. 新疆棉花轻简高效策略下"矮、密、早"关键栽培技术解析. 中国农学会棉花分会 2017 年年会论文汇编 2017-08-08.

田立文, 刘志清, 王新江, 田聪华, 崔建平, 孔杰, 郭仁松, 徐海江, 林涛, 王永刚. 2016. 新疆棉花供给侧问题解决的关键技术标准对策分析. 第十三届中国标准化论坛 2016-10-25.

田立文, 娄春恒, 贺宾. 1997. 宽膜覆盖对棉花生长发育的影响. 中国棉花, 24(11): 14-16.

田立文, 娄春恒, 文如镜, 李蕾. 1996. 不同密度棉花群体结构和光合产物积累. 新疆农业科学, (4): 160-162.

田立文, 娄春恒, 文如镜, 李蕾. 1997. 温度对成熟棉纤维超分子结构的影响. 中国农业气象, 18(2): 14-16.

田立文, 娄春恒, 文如镜, 李蕾. 1997. 新疆秋季低温降低棉纤维强力机理. 中国农学通报, 13(2): 32, 35.

田立文, 娄春恒, 文如镜, 李蕾, 谢迪佳. 1997. 新疆高产棉田光合特性. 西北农业学报, 6(3): 41-43.

田立文, 娄春恒, 文如镜, 李蕾, 谢迪佳. 1997. 新疆棉花高产机理研究. 西北农业学报, 6(2): 106.

田立文, 谢维喜, 何奋勇. 1998. 新疆棉田主要自然灾害及其技术对策. 中国棉花, 25(12): 2-4.

田立文, 张百和, 康学强, 卢振兴. 1997. 新疆棉田中低产原因与提高技术. 中国棉花, 24(7): 24-25.

万华龙, 刘朋程, 刘连涛, 张永江, 刘玉春, 白志英, 李存东#, 孙红春. 2018. 早期适度干旱对棉花产量、纤维品质及水分利用效率的影响. 棉花学报, 30(6): 464-472.

王爱玉, 孔祥良, 张桂芝, 陈兰, 赵金辉, 王志伟, 李浩, 高明伟, 张晓洁#. 2016. 不同种植密度对棉花产量及其相关性状的影响. 山东农业科学, (12): 80-82.

王聪, 罗宏海, 王明洋, 徐守振, 康鹏, 张亚黎, 勾玲, 张旺锋#. 2015. 播种期对不同配置方式杂交棉光合生产及产量的影响. 新疆农业科学, 52: 1961-1968.

王广春, 代建龙, 董合忠#. 2016. 山东省棉花产业现状及其发展对策. 中国棉花, 43(7): 5-7.

王广春, 代建龙, 董合忠. 2016. 山东省棉花产业现状及其发展对策. 中国农学会棉花分会 2016 年年会 2016-08-08.

王凯丽, 高彦钊, 李姗, 张梦璐, 吴智豪, 刘连涛, 孙红春, 李存东, 张永江#. 2019. 短期干旱胁迫下棉花气孔表现及光合特征研究. 中国生态农业学报, 27(6): 901-907.

王雷山, Aziz K, 黄颖, 宋兴虎, Biangkham S, 袁源, 杨国正#. 2017. 棉花产量因主茎不同叶位叶绿素含量变化对播期和密度的响应. 棉花学报, 29: 186-194.

王雷山, Aziz K, 宋兴虎, 黄颖, 袁源, 杨国正#. 2017. 棉花主茎叶与根系硝酸还原酶活性分布对播期和密度的响应. 棉花学报, 29: 88-98.

王雷山, Aziz K, 袁源, 武莹莹, Shah AN, Tung S, 杨国正#. 2016. 播期和密度对棉叶柄和根硝态氮含量的影响. 棉花学报, 28: 574-583.

王雷山, 李汉涛, 杨兴柏, 谢远清, 周家华, 蔺江霞, 段银庭, 杨国正#. 2015. 湖北麦后机采棉生育、产量和效益分析. 中国棉花, 42(12): 15-17.

王曼, 刘连涛, 孙红春, 张永江, 宋世佳, 陈静, 成国鹏, 李存东#. 2015. 棉花根系总蛋白质提取及双向电泳方法的改良. 华北农学报, 30(6): 128-133.

王琦, 董合忠#. 2013. 棉花次生代谢物质及其抗虫活性研究进展. 棉花学报, 25(6): 557-563.

王琦, 马惠, 董合忠. 2014. 棉蚜响应盐胁迫棉株 P450 相关基因的研究. 中国棉花学会 2014 年年会 2014-08-08.

王维, 徐道青, 屈磊, 刘小玲, 郑曙峰#. 2012. 种植密度对沿江棉区杂交棉冠层结构的影响. 中国棉花, 39(2): 20-24.

王维, 郑曙峰#, 路曦结, 程福如, 徐道青, 屈磊. 2010. 安徽省沿江棉区"千斤棉"创建经验. 中国棉花, 37(9): 41.

王文敏, 田景山, 张煦怡, 刘晶, 勾玲, 张旺锋#. 2016. 喷脱叶剂对棉铃蔗糖代谢影响及与纤维比强度的关系. 新疆农业科学, 53: 1580-1586.

王洋, 荣义华, 梅汉成, 闫显会, 杨国正#. 2018. 鄂杂棉 30 麦后直播高效栽培技术研究. 中国棉花, 45(12): 25-30.

王占彪, 陈静, 刘连涛, 孙红春, 张永江, 刘永平, 李存东#. 2012. 滨海旱碱地不同植棉模式的研究. 中国棉花, 39(12): 14-18.

王占彪, 陈静, 毛树春, 韩迎春, 张立峰, 陈阜, 李存东#, 李亚兵#. 2017. 气候变化对河北省棉花物候期的影响. 棉花学报, 29(2): 177-185.

王占彪, 陈静, 张立峰, 陈阜, 孙红春, 刘连涛, 宋文, 李存东#, 李亚兵#. 2016. 河北省棉花生产碳足迹分析. 棉花学报, 28(6): 594-601.

王占彪, 李存东#, 刘永平, 刘连涛, 孙红春, 张永江, 李洪芹, 柴卫东. 2012. 滨海旱碱地微沟覆膜植棉模式的研究. 棉花学报, 24(4): 318-324.

王翠, 刘连涛, 孙红春, 张永江, 李存东#. 2013. 连作对棉株干物质积累、分配及功能叶片生理特征的影响. 河北农业大学学报, 36(5): 6-11.

王翠, 刘连涛, 孙红春, 张永江, 李存东#. 2013. 棉花腐殖质中主要化感物质对棉花幼苗生长发育的影响. 华北农学报, S1: 192-195.

王志才, 李存东#, 张永江, 刘连涛, 孙红春. 2011. 种植密度对棉花主要群体质量指标的影响. 棉花学报, 23(3): 284-288.

王志伟, 李浩, 张桂芝, 张晓洁. 2015. 氮肥施用量对棉花种子生产的影响. 中国棉花学会 2015 年年会论文汇编 2015-08-10.

吴含玉, 肖飞, 张亚黎, 姜闯道, 张旺锋#. 2019. 强闪光抑制棉花叶片光系统 II 活性和热耗散. 作物学报, 45(5): 792-797.

谢远清, 杨国正, 张水清, 孔明航, 陈再兴. 2012. 油后及麦后直播棉轻简化栽培探索. 中国棉花学会 2012 年年会 2012-08-08.

谢志华, 杜中民, 缪蕾, 苏敏, 程丽娟, 董合忠#. 2014. 整枝和密度对蒜套棉烂铃及产量的影响. 山东农业科学, 46(10): 43-46.

谢志华, 李维江, 苏敏, 缪蕾, 程丽娟, 董合忠#. 2014. 整枝与密度对蒜套棉产量和品质的效应. 棉花学报, 26(5): 459-465.

辛承松#, 罗振, 张祥宗. 2018. 黄河三角洲盐碱地棉田高效种植技术模式探析. 中国棉花, 45(9): 38-39.

辛承松#, 杨晓东. 2015. 黄河流域棉区棉花分类平衡施肥技术及其应用. 中国棉花, 42(6): 44-45.

辛承松#, 杨晓东, 罗振, 焦光婧, 余学科, 薛中立. 2016. 黄河流域棉花肥水协同管理技术及应用. 中国棉花, 43(3): 31-32.

辛承松#, 张祥宗, 罗振. 2018. 黄河三角洲植棉区麦后直播短季棉丰产栽培技术. 中国棉花, 45(3): 35-36.

辛承松, 董合忠, 罗振, 唐薇, 张冬梅. 2013. 滨海盐碱地不同类型棉田的养分特征. 山东省棉花学会第六次代表大会 2013-08-23.

辛承松, 罗振, 孔祥强, 代建龙, 董合忠, 张祥宗. 2017. 硅钙钾肥对盐碱地棉花生长发育及生理特性的影响. 山东农业科学, 49(8): 69-72.

辛承松, 罗振, 唐薇, 张冬梅, 代建龙, 咸丰, 董合忠. 2014. 内蒙古西部旱区棉田盐分对棉花出苗的影响. 中国棉花学会 2014 年年会 2014-08-08.

辛承松, 罗振, 唐薇, 张冬梅, 杨晓东. 2016. 盐碱地棉花一次性施肥效应研究. 中国农学会棉花分会 2016 年年会 2016-08-08.

辛承松, 杨晓东, 罗振, 唐薇, 张冬梅, 张祥宗, 董秀珍. 2015. 钙镁钾肥在盐碱地棉花上的应用效果. 中国棉花学会 2015 年年会论文汇编 2015-08-08.

辛承松, 杨晓东, 罗振国, 唐薇, 张冬梅, 张祥宗, 董秀珍. 2015. 盐碱地棉花施用钙硅镁钾肥效应. 中国作物学会 2015 年学术年会 2015-08-08.

徐道青, 郑曙峰#, 王维, 阚画春, 刘飞. 2009. 棉花缓控释肥在不同种植方式中的应用研究. 中国棉花, (12): 16-17.

徐道青, 郑曙峰#, 王维, 刘小玲, 阚画春, 陈敏. 2016. 棉花遭受涝渍胁迫后的快速恢复技术. 安徽农业科学, 44(25): 24-27.

徐道青, 郑曙峰#, 王维, 刘小玲, 吴文革, 陈敏, 阚画春. 2016. 不同淹水程度对棉苗生长及生理变化的影响. 农学学报, 6(2): 33-38.

徐道青, 郑曙峰#, 王维, 屈磊, 刘小玲. 2011. 棉花专用缓控释复合肥应用效果研究. 中国棉花, 38(9): 21-23, 34.

徐海江, 田立文#, 林涛, 崔建平, 郭仁松, 苏秀娟, 朱家辉. 2012. 施氮量对膜下滴灌棉干物质积累分配. 新疆农业科学, 49: 1765-1772.

徐瑞博, 孙红春, 刘连涛, 张永江, 刘玉春, 白志英, 李存东#. 2018. 灌溉模式对冀南植棉区棉花干物质积累分配、产量和水分利用效率的影响. 棉花学报, 30(5): 386-394.

徐守振, 杨延龙, 陈民志, 董恒义, 张旺锋#. 2017. 北疆滴水量对化学打顶棉花冠层结构及产量的影响. 新疆农业科学, 54(6): 988-997.

徐守振, 左文庆, 陈民志, 随龙龙, 董恒义, 酒兴丽, 张旺锋#. 2017. 北疆植棉区滴灌量对化学打顶棉花植株农艺性状及产量的影响. 棉花学报, 29(4): 345-355.

薛惠云, 张永江#, 刘连涛, 孙红春, 李存东. 2013. 干旱胁迫与复水对棉花叶片光谱、光合和荧光参数的影响. 中国农业科学, 46(11): 2386-2393.

杨成勋, 姚贺盛, 杨延龙, 勾玲, 罗宏海, 张亚黎, 张旺锋#. 2015. 化学打顶对棉花冠层结构指标及产量形成的影响. 新疆农业科学, 52: 1243-1250.

杨成勋, 张旺锋, 徐守振, 随龙龙, 梁福斌, 董恒义. 2016. 喷施化学打顶剂对棉花冠层结构及群体光合生产的影响. 中国农业科学, 49: 1672-1684.

杨铁钢#, 黄树梅, 赵志鹏, 孙永强, 刘永英. 1999. 棉花留叶枝对其生育性状和产量的影响. 河南农业科学, (8): 11-13.

杨英, 占东霞, 张国娟, 张亚黎, 罗宏海, 张旺锋#. 2015. 水分亏缺对棉花叶片与非叶绿色器官光合的影响. 新疆农业科学, 52: 1989-1996.

姚炎帝, 崔素倩, 冯国艺, 杨美森, 虎晓兵, 罗宏海, 张亚黎, 张旺锋#. 2011. 杂交棉稀播条件下冠层结构特征及产量变化研究. 新疆农业科学, 48: 785-791.

姚炎帝, 冯国艺, 崔素倩, 罗宏海, 张亚黎, 张旺锋#. 2011. 新疆杂交棉育苗移栽稀植群体冠层结构特征. 棉花学报, 23: 460-465.

曾宪富, 王志伟, 张晓洁. 2013. 棉花不同圆锥体结铃对纤维及种子品质的影响. 中国种业, (10): 47-49.

翟立超, 张永江, 刘连涛, 孙红春, 朱秀金, 李存东#. 2012. 去早果枝对转基因抗虫棉生长发育与衰老进程的调控效应. 棉花学报, 24(5): 399-405.

占东霞, 张超, 张亚黎, 罗宏海, 勾玲, 张旺锋#. 2015. 膜下滴灌水分亏缺下棉花开花后非叶绿色器官光合特性及其对产量的贡献. 作物学报, 41: 1880-1887.

张爱民#, 刘凯凯, 王振伟, 刘玉京, 王欢成. 2016. 多辊式棉秆收获台的研究与试验. 农机化研究, (3): 91-95.

张爱民#, 王振伟, 刘凯凯, 刘玉京, 王欢成, 朱德文. 2016. 棉秆联合收获机关键部件设计与试验. 中国农机化学报, 37(5): 8-13.

张超, 占东霞, 张鹏鹏, 张亚黎, 罗宏海, 张旺锋#. 2014. 棉花苞叶光呼吸和 PSII 热耗散对土壤水分的响应. 植物生态学报, 38(4): 387-395.

张超, 占东霞, 张亚黎, 罗宏海, 勾玲, 张旺锋#. 2015. 膜下滴灌对棉花生育后期叶片与苞叶光合特性的影响. 作物学报, 41: 100-108.

张东林, 李文, 腊贵晓, 李伶俐, 杨铁钢#. 2013. 工厂化两苗互作育苗麦后机械化移栽棉花的生长发育及产量特点. 河南农业科学, 42(6): 51-54.

张冬梅, 董合忠#. 2017. 黄河流域棉区棉花轻简化丰产栽培技术体系. 中国棉花, 11: 44-46.

张冬梅, 张艳军, 李存东, 董合忠#. 2019. 论棉花轻简化栽培. 棉花学报, 31(2): 163-168.

张桂芝, 张晓洁, 陈传强, 李浩, 蒋帆. 2016. 脱叶催熟剂对棉花产量和纤维品质的影响. 中国农学会棉花分会 2016 年年会 2016-08-08.

张慧军, 王涛, 孔祥强, 李维江, 董合忠, 王丹, 张健. 2015. 盐胁迫下外源 NO 延缓棉花叶片衰老效应及机制研究. 中国棉花学会 2015 年年会 2015-08-10.

张茜, 康西璐, 顾文哲, 王晓丹, 孙红春, 李存东#, 刘连涛. 2016. 外源一氧化氮对干旱和盐胁迫下棉种萌发的影响. 中国棉花, 43(12): 11-15, 20.

张晓洁[#], 张桂芝, 陈传强, 李浩, 王志伟, 蒋帆. 2016. 黄河三角洲棉花机械化技术应用分析. 山东农业科学, 48(2): 64-67.

张晓洁, 王志伟, 李浩, 张桂芝. 2015. 现代植棉条件下的棉花种子生产技术. 中国棉花学会 2015 年年会论文汇编 2015-08-10.

张煦怡, 田景山, 杨延龙, 随龙龙, 张鹏鹏, 张旺锋[#]. 2018. 北疆棉区棉花单铃损伤对脱叶催熟剂及铃期的响应. 新疆农业科学, 55(7): 1186-1193.

张艳军, 董合忠[#]. 2015. 棉花对淹水胁迫的适应机制. 棉花学报, 27(1): 80-88.

张艳军, 孔祥强, 董合忠. 2017. 一氧化氮对棉花淹水伤害的缓解作用及其生理机制. 中国农学会棉花分会 2017 年年会论文汇编 2017-08-08.

张颖, 任锋潇, 靖姣姣, 杜欢, 孙红春, 刘连涛, 白志英, 李存东[#]. 2016. 去留叶枝对棉花叶片、叶柄、铃柄解剖结构及产量的影响. 棉花学报, 28(3): 268-275.

赵红军, 崔正鹏, 王胜利, 张晓洁. 2016. 山东省机采棉生产现状及建议. 中国农学会棉花分会 2016 年年会 2016-08-08.

郑曙峰[#], 王维, 徐道青, 屈磊. 2011. 覆盖免耕对棉田土壤物理性质的影响. 中国农学通报, 27(7): 83-87.

朱建芬, 张永江, 孙传范, 刘连涛, 孙红春, 李存东[#]. 2010. 氮钾营养对棉花主茎功能叶衰老的生理效应研究. 棉花学报, 22(4): 354-359.

朱晓伟, 刘连涛, 万华龙, 张永江, 孙红春, 李存东[#]. 2019. 整枝方式和冠层高度对棉铃时空分布及产量的影响. 棉花学报, 31(1): 79-88.

图　　版

图版 1　传统精耕细作植棉——播种

a. 人工条播毛子；b. 小型机械条播；c. 小型机械多粒穴播脱绒包衣种子

图版 2　传统精耕细作植棉——苗期管理

a. 人工放苗；b. 人工间苗、定苗；c. 营养钵育苗之苗床起苗；d. 大蒜田人工移栽棉花钵苗

钵苗

图版 3　传统精耕细作植棉——棉田管理和收获

a. 中耕；b. 施肥；c. 整枝；d. 打顶；e. 第一次采摘；f. 第三次采摘

图版 4　棉花单粒精量播种

a.黄河流域一熟制春棉单粒精播；b.黄河流域两熟制蒜后早熟棉单粒精播；c.西北内陆棉花单粒精播

图版 5　棉花单粒精播与传统播种出苗比较

a. 传统大播量播种出苗；b. 大播量播种形成高脚苗；c. 单粒精播苗期大田；d. 单粒精播形成壮苗；
e. 课题组成员调查棉花出苗情况

图版6　合理密植免整枝

a.①去叶枝，②去叶枝和基部2个果枝，③留叶枝；b.不同密度（①、②和③分别为3株/m²、6株/m²、9株/m²）对叶枝生长的抑制；c.①密植化控形成叶枝弱、结铃集中的紧凑株型，②稀植不化控形成叶枝多、结铃分散的松散株型

图版 7 膜下分区交替滴灌

a. 传统 1 膜 6 行 2 带（①常规滴灌；②亏缺滴灌）；b. 1 膜 6 行 3 带（①常规滴灌；②亏缺滴灌）；
c. 1 膜 3 行 3 带（①常规滴灌；②亏缺滴灌）

图版 8　膜下分区交替滴灌条件下的水肥协同管理

a. 水肥协同管理设备（①水源和过滤系统；②施肥系统；③控制系统）；b. 水肥协同管理棉田

（①控制系统；②试验型施肥罐）

图版 9　黄河流域"增密壮株型"群体（苗期至花铃期）

a. 传统"中密中株型"群体（大小行种植 100 cm /50 cm）；b. 传统"中密中株型"群体单株（密度 5 株 /m²，精细整枝）；c. "增密壮株型"群体（等行距 76 cm）；d. "增密壮株型"群体单株（密度 8 株 /m²，免整枝）；e、f. 花铃期"增密壮株型"群体

图版 10 黄河流域"增密壮株型"群体（吐絮期）

a.吐絮期传统"中密中株型"群体，①示结铃分散的单株；b.吐絮期"增密壮株型"群体，
①示结铃集中的单株，②示机械收获

图版 11　长江流域与黄河流域两熟制"直密矮株型"群体（苗期）
a. 蒜后直播早熟棉；b. 麦后机械直播早熟棉

图版 12　长江流域与黄河流域两熟制吐絮成熟期"直密矮株型"群体

a. 蒜（大蒜）后早熟棉；b. 油（油菜）后早熟棉（①"直密矮株型"单株；②部分课题组成员）

图版 13　西北内陆 "降密健株型" 群体（花铃期）

a. 传统 "高密小株型" 群体，①示拥挤瘦弱的主茎；b. 新型 "降密健株型"，①示健壮的主茎；

c. 课题组成员在 "降密健株型" 群体中合影，①示优化成铃的单株

图版14　西北内陆"降密健株型"群体（吐絮成熟期）

a. 未化学脱叶的"降密健株型"群体；b. 化学脱叶7 d后的"降密健株型"群体；c. "降密健株型"群体机械收获，①示传统"高密小株型"群体单株，②示"降密健株型"群体单株，③化学封顶单株；d. "降密健株型"群体，①吐絮单株

图版 15　集中成熟轻简高效栽培技术培训、示范和推广

a. 冬季室内培训；b. 夏季室内远程培训；c. 田间指导；d. 示范检查；e. 集中收获现场观摩会；f. 示范田测产验收

图版 16　棉花集中成熟轻简高效栽培技术有关会议

a. 地方标准审定（李莉、毛树春、王桂峰、高瑞杰等，2018 年济南）；b. 成果评价（张洪程、马峙英、孙占祥、王立春、段留生等，2017 年北京）；c. 成果评价（于振文、陈温福、喻树迅、陈学庚、张洪程、周建民、杨祁峰等，2019 年泰安）